孩子超喜爱的科学日记

肖叶 吴丽娜 / 著 杜煜 / 绘

环保魔术师

以日记为引，讲环保百科
1分钟了解1个知识点

U0272459

人民文学出版社 天天出版社

日记好看，科学好玩儿

国际儿童读物联盟主席　张明舟

人类有好奇的天性，这一点在少年儿童身上体现得尤为突出：他们求知欲旺盛，感官敏锐，爱问“为什么”，对了解身边的世界具有极大热情。各类科普作品、科普场馆无疑是他们接触科学知识的窗口。其中，科普图书因内容丰富、携带方便、易于保存等优势，成为少年儿童及其家长的首选。

“孩子超喜爱的科学日记”是一套独特的为小学生编写的原创日记体科普童书，这里不仅记录了丰富有趣的日常生活，还透过“身边事”讲科学。书中的主人公是以男孩童晓童为首的三个“科学小超人”，他们从身边的生活入手，探索科学的秘密花园，为我们展开了一道道独特的风景。童晓童的“日记”记录了这些有趣的故事，也自然而然地融入了科普知识。图书内容围绕动物、植物、物理、太空、军事、环保、数学、地球、人体、化学、娱乐、交通等主题展开。每篇日记之后有“科学小贴士”环节，重点介绍日记中提到的一个知识点或是一种科学理念。每册末尾还专门为小读者讲解如何写观察日记、如何进行科学小实验等。

我在和作者交流中了解到本系列图书的所有内容都是从无到有、从有到精，慢慢打磨出来的。文字作者一方面需要掌握多学科的大量科学知识，并随时查阅最新成果，保证知识点准确；另一方

面还要考虑少年儿童的阅读喜好，构思出生动曲折的情节，并将知识点自然地融入其中。这既需要勤奋踏实的工作，也需要创意和灵感。绘画者则需要将文字内容用灵动幽默的插图表现出来，不但要抓住故事情节的关键点，让小读者看后“会心一笑”，在涉及动植物、器物等时，更要参考大量图片资料，力求精确真实。科普读物因其内容特点，尤其要求精益求精，不能出现观念的扭曲和知识点的纰漏。

“孩子超喜爱的科学日记”系列将文学和科普结合起来，以一个普通小学生的角度来讲述，让小读者产生亲切感和好奇心，拉近了他们与科学之间的距离。严谨又贴近生活的科学知识，配上生动有趣的形式、活泼幽默的语言、大气灵动的插图，能让小读者坐下来慢慢欣赏，带领他们进入科学的领地，在不知不觉间，既掌握了知识点，又萌发了对科学的持续好奇，培养起基本的科学思维方式和方法。孩子心中这颗科学的种子会慢慢生根发芽，陪伴他们走过求学、就业、生活的各个阶段，让他们对自己、对自然、对社会的认识更加透彻，应对挑战更加得心应手。这无论对小读者自己的全面发展，还是整个国家社会的进步，都有非常积极的作用。同时，也为我国的原创少儿科普图书事业贡献了自己的力量。

我从日记里看到了“日常生活的伟大之处”。原来，日常生活中很多小小的细节，都可能是经历了千百年逐渐演化而来。“孩子超喜爱的科学日记”在对日常生活的探究中，展示了科学，也揭开了历史。

她叫范小米，同学们都喜欢叫她米粒。他叫皮尔森，中文名叫高兴。我呢，我叫童晓童，同学们都叫我童童。我们三个人既是同学也是最好的朋友，还可以说是“臭味相投”吧！这是因为我们有共同的爱好。我们都有好奇心，我们都爱冒险，还有就是我们都酷爱科学。所以，同学们都叫我们“科学小超人”。

童晓童一家

童晓童 男，10岁，阳光小学四年级（1）班学生

我长得不能说帅，个子嘛也不算高，学习成绩中等，可大伙儿都说我自信心爆棚，而且是淘气包一个。沮丧、焦虑这种类型的情绪，都跟我走得不太近。大家都叫我童童。

我的爸爸是一个摄影师，他总是满世界地玩儿，顺便拍一些美得叫人不敢相信的照片登在杂志上。他喜欢拍风景，有时候也拍人。其实，我觉得他最好的作品都是把镜头对准我和妈妈的时候诞生的。

我的妈妈是一个编剧。可是她花在键盘上的时间并不多，她总是在跟朋友聊天、逛街、看书、沉思默想、照着菜谱做美食的分分秒秒中，孕育出好玩儿的故事。为了写好她的故事，妈妈不停地在家里扮演着各种各样的角色，比如侦探、法官，甚至是坏蛋。有时，我和爸爸也进入角色和她一起演。好玩儿！我喜欢。

我的爱犬琥珀得名于它那双“上不了台面”的眼睛。在有些人看来，蓝色与褐色才是古代牧羊犬眼睛最美的颜色。8岁那年，我在一个折迁房的周围发现了它，那时它才6个月，似乎是被以前的主人遗弃了，也许正是因为它的眼睛。我从那双琥珀色的眼睛里，看到了对家的渴望。小小的我跟小小的琥珀，就这样结缘了。

范小米一家

范小米 女，10岁，阳光小学四年级（1）班学生

我是童晓童的同班同学兼邻居，大家都叫我米粒。其实，我长得又高又瘦，也挺好看。只怪爸爸妈妈给我起名字时没有用心。没事儿的时候，我喜欢养花、发呆，思绪无边无际地漫游，一会儿飞越太阳系，一会儿潜到地壳的深处。有很多好玩儿的事情在近100年之内无法实现，所以，怎么能放过想一想的乐趣呢？

我的爸爸是一个考古工作者。据我判断，爸爸每天都在历史和现实之间穿越。比如，他下午才参加了一个新发掘古墓的文物测定，晚饭桌上，我和妈妈就会听到最新鲜的干尸故事。爸爸从散碎的细节中整理出因果链，让每一个故事都那么奇异动人。爸爸很赞赏我的拾荒行动，在他看来，考古本质上也是一种拾荒。

我妈妈是天文馆的研究员。爸爸埋头挖地，她却仰望星空。我成为一个矛盾体的根源很可能就在这儿。妈妈有时举办天文知识讲座，也写一些有关天文的科普文章，最好玩儿的是制作宇宙剧场的节目。妈妈知道我好这口儿，每次有新节目试播，都会带我去尝鲜。

我的猫名叫小饭，妈妈说，它恨不得长在我的身上。无论什么时候，无论在哪儿，只要一看到我，它就一溜小跑，来到我的跟前。要是我不立马知情识趣地把它抱在怀里，它就会把我的腿当成猫爬架，直到把我绊倒为止。

皮尔森一家

皮尔森 男，11岁，阳光小学四年级（1）班学生

我是童晓童和范小米的同班同学，也是童晓童的铁哥们儿。虽然我是一个英国人，但我在中国出生，会说一口地道的普通话，也算是个中国通啦！小的时候妈妈老怕我饿着，使劲儿给我揣饭，把我养成了个小胖子。不过胖有胖的范儿，而且，我每天都乐呵呵的，所以，爷爷给我起了个中文名字叫高兴。

我爸爸是野生动物学家。从我们家常常召开“世界人种博览会”的情况来看，就知道爸爸的朋友遍天下。我和童晓童穿“兄弟装”的那两件有点儿像野人穿的衣服，就是我爸爸野外考察时带回来的。

我妈妈是外国语学院的老师，虽然才36岁，认识爸爸却有30年了。妈妈简直是个语言天才，她会6国语言，除了教课以外，她还常常兼任爸爸的翻译。

我爷爷奶奶很早就定居中国了。退休之前，爷爷是大学生物学教授。现在，他跟奶奶一起，住在一座山中别墅里，还开垦了一块荒地，过起了农夫的生活。

奶奶是一个跨界艺术家。她喜欢奇装异服，喜欢用各种颜色折腾她的头发，还喜欢在画布上把爷爷变成一个青蛙身子的老小伙儿，她说这就是她的青蛙王子。有时候，她喜欢用笔和颜料以外的材料画画。我在一幅名叫《午后》的画上，发现了一些干枯的花瓣，还有过了期的绿豆渣。

目 录

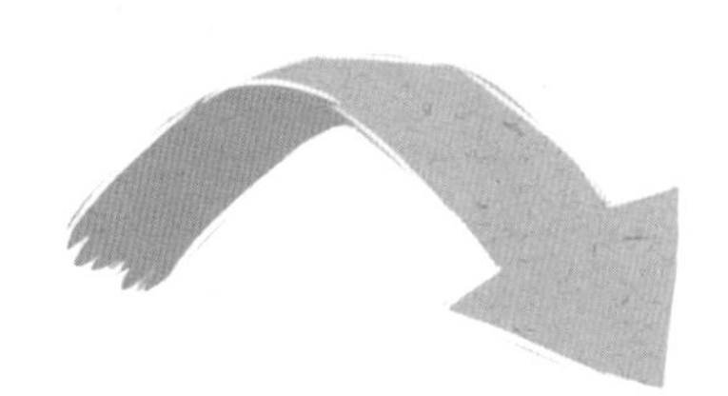

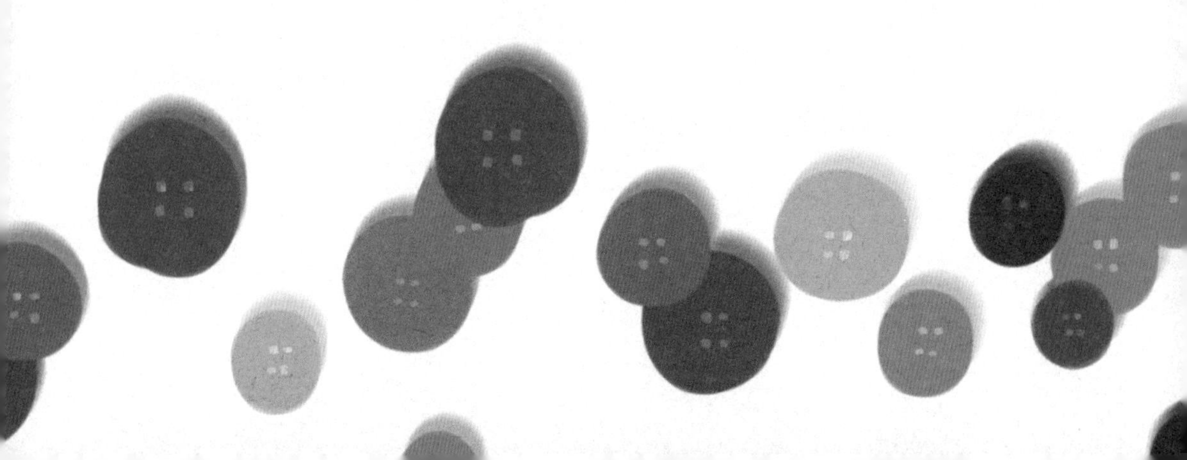

1月4日 星期四 犀牛的“妈妈”

从周二到现在，整整三天，我一直在为元旦假期一晃而过郁闷。为了把我从假期沉溺症里捞出来，妈妈提醒我凡事应该向前看，还有两天就又到周末了。真是呀！我终于不再怀念元旦了。可是，我又惦记上这个周末啦！

今天所有的课外时间，我都在跟高兴唠叨同一个话题：周末干吗？捉些蚯蚓到花盆里好吗？它们在泥土里做做伸展运动，拉拉屉屉什么的，对花儿来说，就是一顿营养早餐。要不把粘在地上的口香糖铲掉，免得那些不懂事的鸟儿把它们当小面包吃掉。或者去海边拾荒，捡那儿的塑料袋，不然傻傻的海龟会吞掉这些假水母，那可真要命……

高兴却说："咱们去动物园吧！"

很明显，高兴是故意的。因为，上上个周六，我眼睁睁地看着一只大猩猩吃了自己的呕吐物。一想到这个画面我就想吐。可是，高兴却振振有词："你再不住嘴，我的耳朵就要吐了。"

我埋头琢磨了一下，恍然大悟："哦，你是说你的耳朵听饱了？"高兴点了点头。我怕他的右耳朵还饿着，就绕过去打算接着说。

就在这个时候，米粒来了。她一脸幸福地大叫："童童、高兴，我要当妈妈了！"

什么情况？！

还没等我跟高兴严刑逼供，米粒就全都招了："我打算周末到动物园去认养一头犀牛！"

接着，米粒开了一个认养扫盲班，我跟高兴是第一期学员。原来，让米粒从无知少女即将升级为“爱心妈咪”的，是一头来自约翰内斯堡的白犀牛宝宝。它少说也有1000千克，要不了一个半月，它就能吃掉自己身体那么重的干牧草。那些都是司机大叔吭哧吭哧从甘肃运来的。不过，认养不等于领养，米粒不用把犀牛宝宝带回家，它还是住在动物园里，但米粒得出一点儿认养费，用来给这个大胃王买吃的和治病。

米粒都快当妈妈了，我觉得自己怎么也得给什么当个爸爸，这样才不会显得过于幼稚。所以，我立马表态：“鉴于大白鲨这种顶级捕食者除了衰老、疾病，基本上只会死于人类的捕杀，为了向鲨鱼群体致歉，我决定给一只鲨鱼宝宝做小爸爸。”

高兴早就瞅准了农家乐的一只小母鸡，他实在不忍心看到这只毛茸茸的小东西有朝一日住到拥挤的养鸡场去，一辈子都在窄小的铁笼中过活，只能吃配方饲料，连转身都是妄想。高兴决定领养它，把它救出火坑。

相比之下，我认养的“儿子”是最威武的，也是最危险的。米粒说，她后天要跟我一起去海洋馆，见证我潜到水里给鲨鱼宝宝喂食的美妙时刻。

看着她不怀好意的眼神，我终于不再惦记这个周末了，我还希望它永远不要到来。

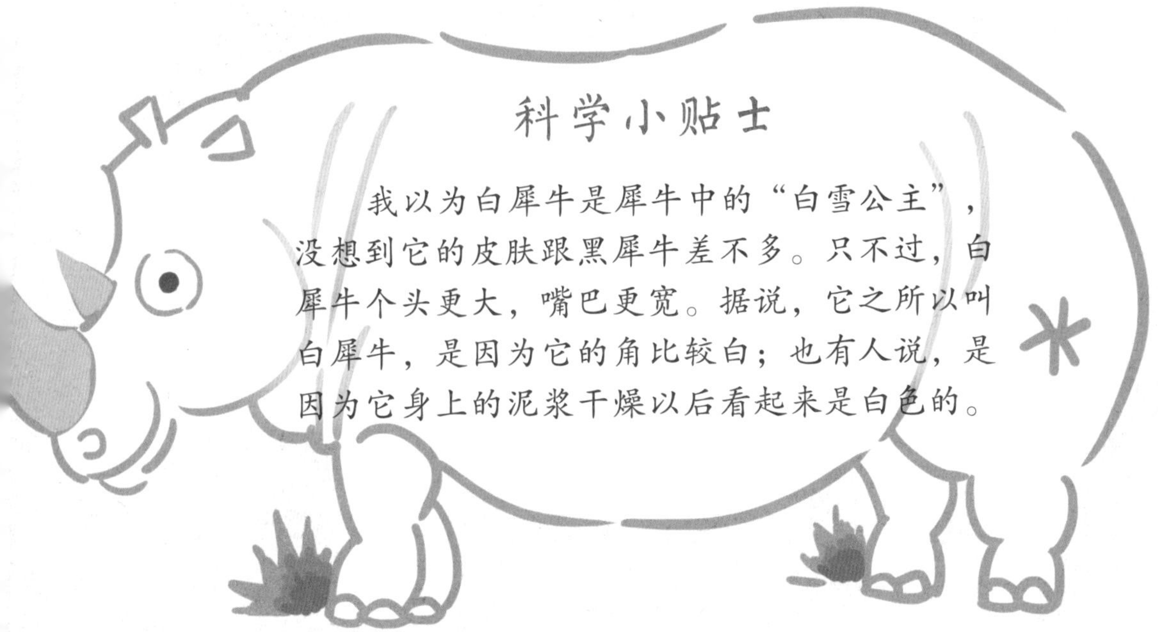

科学小贴士

我以为白犀牛是犀牛中的“白雪公主”，没想到它的皮肤跟黑犀牛差不多。只不过，白犀牛个头更大，嘴巴更宽。据说，它之所以叫白犀牛，是因为它的角比较白；也有人说，是因为它身上的泥浆干燥以后看起来是白色的。

1月5日 星期五 长鼻子青蛙王子

昨天晚上，我的梦里挤满了鲨鱼。它们追着我要吃的，而我的兜里却只有一只小蜗牛。可恨的是，这只蜗牛竟然跟鲨鱼称兄道弟，就因为它嘴里有两万多颗牙齿，跟一条鲨鱼10年换下来的牙齿数量差不多。结果，蜗牛把我出卖了，它建议鲨鱼尝尝它们的人类爸爸。从蜗牛那个针尖大小的嘴巴上，我看到了不怀好意的笑容。我倒吸一口凉气，原来，这只蜗牛姓范！

一觉醒来，我差点儿迟到。我怪妈妈不叫我起床，妈妈却说自己的

事情自己做。有没有天理啊，谁会指望一个做梦的人叫醒自己？！

课间休息的时候，我把对梦、对妈妈，还有对周末的不满全都发泄到米粒身上。我拿起马克笔，在她的笔盒上面大画特画。

看到我的墨宝之后，米粒先是用海豚音尖叫了一声，然后非常淑女地伸出手说：“我还小，麻烦你不要在我的笔盒上画青蛙王子！”这个漂亮的笔盒现在还不算毁容，所以，我还不想停手。我也尖叫了一声，说：“范小米，你真是不识好人心！白送一个王子你竟然不要？”

高兴凑过来一看，不免有点儿担心：“王子吃蚊子的时候，它的舌头不会舔到长鼻子吗？”

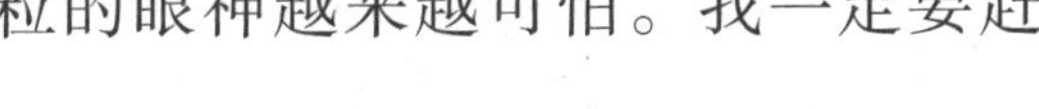
米粒的眼神越来越可怕。我一定要赶

在她用尖叫把我震聋之前，说出其中的秘密：“这个长得像海绵的东西，其实是一种闻起来像水果的蘑菇啦！这个长尾巴的箱子风筝，叫凝胶水母。还有这个正在剔牙的猴儿，它一到下雨天就打喷嚏！这个眼睛黄黄像怪兽的……”

米粒却不屑一顾：“涂鸦而已，你还担上心了呢！这种恶劣的外科手术后果，我一分钟能画出十个，什么马脸的天鹅、豚鼠头的狮子、乌龟脚的仙鹤，还有更奇葩的……”

我哇哇大叫起来：“喂，这可不是涂鸦！就说你的‘青蛙王子’，它可是在印度尼西亚发现的新物种！就因为鼻子长，大家叫它匹诺曹。它一高兴还能把鼻子翘起来呢。”我一边说，手里也没闲着，很快，笔盒就成了一个

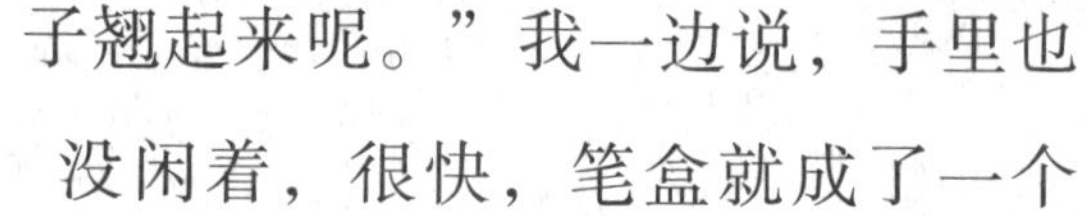

拥挤不堪的新物种动物园。

米粒拉开了我的书包，袋口朝下，只要她一松手，我就会遭到来自上天的打击。

关键时刻，高兴出马了："米粒妹子，看哥的面子，别跟童童弟弟一般见识！再不行，你看在那些灭绝动物的分儿上，这么多新生命诞生了，至少可以告慰它们的亡灵啊！"

我得说，高兴真是一个超级灭火器！

米粒撤军了，我的书包又躺进了抽屉里。

科学小贴士

据研究者们粗略估计，现在每年有上千种动物灭绝。科学家说现在是第六次生物大灭绝时期，好可怕！这一切大多是我们人类的活动造成的。比如爪哇虎、旅鸽……人们不是在它们的地盘上种庄稼或者发电，就是把它们的皮毛穿在自己身上。最后死去的那只爪哇虎和旅鸽，该有多孤独啊！

1月6日 星期六 鲨鱼馆惊魂

起床之前，我许了三个愿。第一个是，我变成范小米脑海里的橡皮擦，擦掉她所有关于认养动物的记忆。如果这个愿望没法儿实现，那我希望第二个能够成真，就是她昨天晚上听她爸讲了一个干尸的故事，吓得一夜没睡，今天压根儿起不来。不过，我记得她爸上周就给我们讲过干尸的故事了，估计这也没戏。最后一个愿望就更加渺茫了，因为海洋馆的鲨鱼不吃素食。

能不去吗？我一直很纠结。可是，那样的话，我童晓童颜面何存啊！何况，米粒总有办法让我做我本来不想做的事情。在开往动物园的公共汽车上，每到一站，我都觉得自己的生命短了一截。那些因为堵车而皱眉头的人，你们不知道自己有多幸福啊！

动物园到了，米粒的意思是直奔鲨鱼馆。我纳闷儿了：“不是得先到动物园办公室填写动物认养卡吗？”米粒笑了：“我早就在网上帮你填好了。”我说：“哎哟喂，您真是太善解人意了！”米粒却说：“那是因为您太可敬了，待会儿，您不是要冒着生命危险，代表人类去给鲨鱼道歉吗？”

米粒很贴心地掏出手抄的认养须知，上面写着我接下来的遭遇：“听鲨鱼专家讲解鲨鱼知识，跟鲨鱼饲养员一起喂鲨鱼。”她说这是认养者的福利。我有点儿犯糊涂：“跟着饲养员一起喂鲨鱼？是说我们把自己喂鲨鱼吗？”米粒笑了：“只要你像抡铅球一样把鱼食扔得远远的，鲨鱼就不会为了抢食咬到你的手啦！不过，千万记得戴防鲨手套哦，它们能闻到几千米以外鲜血的味道，万一你的手受了伤……”

在鲨鱼馆的入口，一个过路的小屁孩儿神神道道地说，这个馆的特点就是，水面上风平浪静，水底下危机四伏。他还说，有一个鲨鱼饲养员在喂鲨鱼的时候，因为防鲨手套挂到鲨鱼的牙齿上，被鲨鱼叼着游了十几米。

我想，米粒肯定跟这个小屁孩儿串通好了，他们全是为了把我吓得尿裤子才说这些话的。不过，说实在的，这些话导致我对后来鲨鱼专家的讲解一个字也没听进去，我满脑子都飘着一条锦囊妙计，那就是“走为上策”。可是，米粒死死地拽着我的胳膊。

我们终于来到了大白鲨面前。看到它的第一眼，我就笑了。因为它跟写在鱼缸外面的“大白鲨”三个字差不多大。我发自内心地涌起了对这只鲨鱼宝宝的爱！谢谢你，让我今天升级当爸爸！我甚至有点儿跃跃欲试，想借一身潜水服到缸里去与鲨共舞。可是，米粒提醒我说：“刚才鲨鱼专家的话你还是认真考虑下，鲨鱼再小，也有可能咬人哦！不过，只要你好好对它，它也会好好对你的。”

10分钟以后，我发现，我最应该感谢的其实是饲养员叔叔，因为他坚决不让我这么小的孩子跟他一起下水喂鲨鱼。

回家的路上，我突然想明白了，问米粒：“那个认养须知的后半段，是你瞎编的吧？”

米粒笑了。

科学小贴士

鲨鱼有五六排牙齿，用来嚼东西的是最外面那一排。里面的几排就像躺着的餐刀，一旦外面的牙齿掉了，它们就会自动替补上去。想到这些，我隐隐有些肉疼。不过，尽管鲨鱼有这么厉害的牙齿，可因为人类把它们的鳍做成貌似高档的“鱼翅”，大肆捕杀它们，这些顶级捕食者正面临着非常大的灭绝风险。

1月10日 星期三 范小米的"骗局"

今天的体育课本来要学游泳的，我很高兴能学游泳。这样，给鲨鱼喂食以后，我就能够顺利地逃走。可是，偏偏游泳馆大换水，上课内容改跳马了。

我爱游泳，也爱跳马，尤其是在我腾空的一刹那，做出些类似奥运冠军才会玩的花样的时候，我总能看到体育老师那惊异的表情。

高兴爱游泳，不爱跳马，因为水可以包容他的体重，而跳马前要过的体重秤，却总是一副快要爆表的样子。

这只能怪他自己太能吃了。我粗略计算了一下，高兴清醒的时候，有三分之一的时间都在吃东西。除了早中晚三顿饭，他的兜里总是装着各种各样的零食。这还不算，睡觉以后，他做的绝大多数梦都跟吃有关。我忍不住感慨：“高兴，你就是人类中的鮟鱇鱼。”因为这种鱼的胃能撑下比它的身体还大的食物。

这么个吃法一点儿都不环保。比如，这些零食是从其他地方运来的吧，运货车这一路上都在制造尾气。要是吃积食了臭屁滚滚，等于是加剧温室气体排放。另外，那些食品包装袋大多是塑料制品，不能降解的话，就是一堆塑料垃圾。

自从我们“科学小超人”三人小组成立以后，高兴立志做一个绿色达人，他决定尽量少吃。可是，管得了肚子管不了嘴，管得了嘴管不了眼睛。

米粒想了个招儿，来欺骗这两只好吃的眼睛。放学后，我们直奔米粒家。

她拿来两个容量相同的碗，不过，一个是细高个儿，又深又窄；另一个却是个大肚子，宽宽浅浅的。

高兴很眼馋米粒妈妈做的小饼干，所以米粒就把这些小饼干分成两等份，装到两个碗里。可是，眼睛会骗我们说，大肚子碗里的东西更多一些。高兴当然会选这个碗啦！

不过，现在还不是开吃的时候。米粒让我把高兴的眼睛蒙起来。她把大肚子碗里的饼干拿了一些出来，直到看上去跟高个子碗里的相等。

现在，再让高兴来选。哈哈，高兴上当了！他竟然没有发现碗里的变化，还是选了大肚子碗。米粒的“骗局”成功了。

科学小贴士

我们建议高兴多吃更环保的天然食物，因为它们产生的垃圾都是可以降解的。而超市零食的塑料包装袋却没那么容易被土壤消化。

1月12日 星期五 可以吃的餐具

高兴这几天情绪不高，我一眼就看出来，肯定是吃的问题。果然，高兴说，自从戒了零食，他做梦也没有以前香甜了。可不是嘛，梦里少了棉花糖和甜甜圈，的确寡淡多了。

为了帮助高兴做一个

坚定的绿色达人，我跟米粒决定用吃的激励他一下。

我俩的零花钱只够我们仨吃一顿炒豆饼。风卷残云之后，高兴盯着空盘子，这是意犹未尽的典型症状。说时迟那时快，米粒操起自己的盘子就往嘴里塞。高兴手疾眼快，一把抢了下来。咔嚓，盘子裂了。高兴的脸上写着双重震撼：米粒突然长了一个比鲛鳈鱼还厉害的胃，而他自己变成了超级大力士！

我呢，也往嘴里塞盘子。咔嚓——吧唧，咔嚓——吧唧！米粒和高兴依次加入。啊哈！这些盘子竟然是华夫饼！

回家的路上，高兴不停地笑，他的情绪海拔直奔珠穆朗玛峰了。

米粒说，下个周末，她会亲自下厨，做餐具给我们吃。

我表示怀疑："你不会用真的餐具来考验我们的牙齿和胃吧？"

高兴愣住了，看来他对米粒的厨艺也毫无信心。米粒为了证明自己，只好提前揭秘餐具的制作方法。

原来，做餐具的材料就是面粉之类的食材。高兴是个"土豆控"，他说一定要加土豆泥。这个配方真的好土呀！

接下来，把面粉跟其他食材的碎末和在一起，再用擀面杖擀成面皮，厚度大约为2毫米。可是，要变成餐具的话，还要把面皮切成勺子和碗的形状，好复杂哦！我提议，把面皮贴到平时用的餐具上面不就好了吗？米粒想了想："也是哦！我觉得你很有做厨神徒弟的天分！"这是在夸我吗？怎么感觉怪怪的！

要变成餐具，这些面皮还要经历火的"烤"验。我没写错别字啦，因为面皮要进烤箱的嘛！烤箱预热后，上下火调成170摄氏度，把面皮先烤个5分钟，拿出来刷一层油，再烤5分钟，香喷喷的餐具就出炉了！

先吃碗还是先吃勺子呢？随便！

科学小贴士

我们每个人一年制造的生活垃圾大约有三四百千克，都快没地方放了。要是那些一次性餐具都能吃掉，可以减少好多垃圾吧！

1月13日 星期六
纽扣复活时刻

看到一地的纽扣，我跟高兴都蒙了。这不符合收纳达人米粒的风格啊！我两岁就认识她了，就没见她的房间像现在这么乱过。而且她一句话也不说，只是呆坐在地板上。受什么刺激了？

据我对米粒的了解，凡是有点儿傲气的“女王”，都不肯主动求援。没办法，我这个男闺密只好启动火眼金睛，来解读她的面孔。

奇怪，她的瞳孔在放大，说明她现在对某种东西很感兴趣。而且她的眉毛是对称的弧形，这表明她的情绪很稳定。什么情况？！

高兴有点儿不情愿地掏出兜里的法式奶酪，打算用这点儿存货来安慰他的女王妹妹。米粒却没收了高兴所有的奶酪。

她终于开口了，而且一开口就“哇啦哇啦”说了很多。

我总结的段落大意是这样的：这些纽扣是米粒专门从杂货铺收来的，它们全都是“落单”了的废品，每一种都不够缝一件衣服。要不是米粒的义举，它们可能会在仓库了此残生，或者熔掉做些牙刷、杯子之类没有诗意的东西。我跟高兴的使命——这个才是段落重点——竟然只是见证纽扣的价值复活的时刻。

什么见证，说白了就是当观众呗！哼哼！米粒经常给我们分配如此“重要”的角色。

我以为她会把扣子都钉到大衣上，做一件丁零当啷大衣。可是，米粒让这些纽扣一会儿变成枝繁叶茂的大树，一会儿化身五颜六色的气球，下一秒它们又是一头大象……最后，它们成了长颈鹿。

我决定用行动来表达赞美！趁她出去的空当，我把长颈鹿稍稍改造了一下。不过，迎接这个作品的，却是米粒的尖叫。她说我把长颈鹿糟蹋成了没有诗意的牙刷和漱口杯。

我嚷嚷说：“老当观众多没意思啊！”

高兴不愧是我的铁哥们儿：“我觉着牙刷跟漱口杯也很有诗意啊！”

米粒二话没说，捧起一堆纽扣就给我俩来了一场“雷阵雨”。我和高兴故意示弱，也给她下了点儿“淅淅沥沥的小雨”。“雨”一直下着。不过，这场实力悬殊的战斗最终还是以和平的方式收场了。最后，这些五颜六色的“雨”化成了一道绚丽的彩虹。

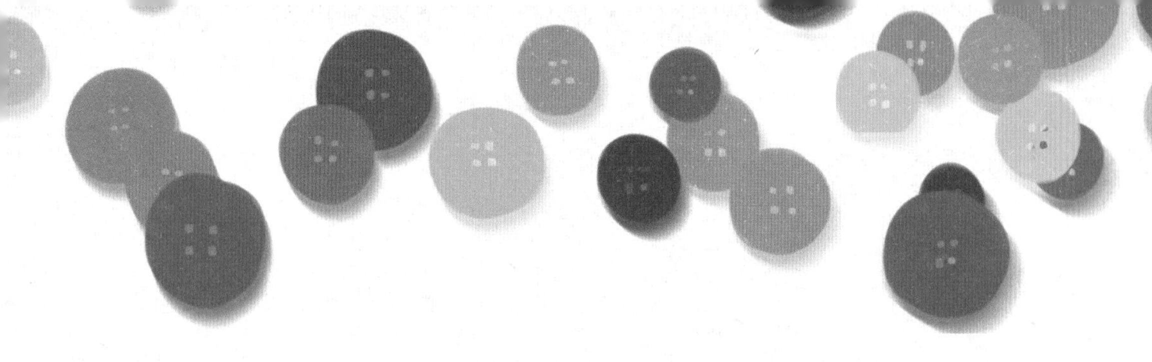

纽扣不仅可以拼成天地万物，还会吹口哨呢！

米粒妈妈的针线包里，正好有缝被子用的线，又细又结实，用它来穿纽扣最合适了。不过，也不是随便什么纽扣都好用，必须找那种圆形有四个孔的。

米粒用线从纽扣相对的两个孔里穿出来，然后在线两头打结。再把纽扣挪到线中间，两个食指钩住线的两头，往同一个方向甩纽扣。甩着甩着，线就扭成一团了。

米粒用力拉开线环，再收拢，再拉开。哈哈！纽扣吹起口哨来了。我敢保证不是我和高兴配的音，因为我们俩趁米粒干活的时候，给自己喂了满嘴的法式奶酪。

科学小贴士

纽扣本身不会发声，是因为它的快速转动使周围的空气振动了起来，所以能“嗡嗡”作响。

1月15日 星期一
净化空气的战袍

今天一大早，高兴给我送来了“战袍”，这是一种能净化空气的衣服。接下来的一整天，我们穿着各自的战袍，哪儿难闻就上哪儿。

到学校的路本来是一条林荫大道，我们却故意绕远，选了一条灰蒙蒙的土路。放学以后，我们又把米粒楼道里的电梯坐了十个来回，因为里面简直是各种气味的大杂烩。终于坚持到下午五点半，我俩摇摇晃晃地敲开米粒的家门：要是再不收兵的话，我们可就长眠在电梯里了。

真没想到，米粒却捏着鼻子迎接英雄归来：她嫌我们的战袍有一股浓浓的拖把味，还怕我们把“喵星人”小饭熏晕了。要是真那样了，我倒想看看米粒给小饭做人工呼吸是什么样子。

战袍最终被米粒扔进了卫生间。它们砸到地砖的时候，还真是掷地有声！当然啦，它们是用混凝土和纤维做的嘛，比普通衣服硬一点儿。我跟高兴今天等于是把墙穿到身上了。

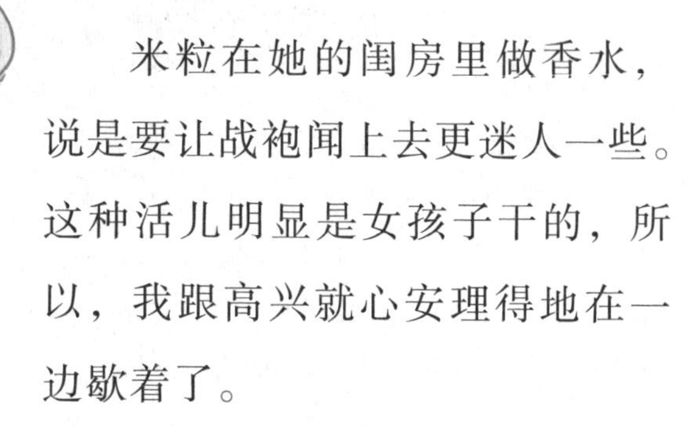

米粒在她的闺房里做香水，说是要让战袍闻上去更迷人一些。这种活儿明显是女孩子干的，所以，我跟高兴就心安理得地在一边歇着了。

米粒拿来一个大碗，往里面倒了点儿温水，滴了几滴葵花子油，把一些不知道从哪儿弄来的花花草草倒进碗里，有玫瑰花瓣、迷迭香、菊花瓣，还有一小块橘皮。接着，她就开始用一个圆头的木棒捣捣捣，直到把那些花瓣捣得面目全非，再把碗盖儿盖上。

米粒严令，两小时以内不能开盖儿。米粒越这么说，我跟高兴就越是手痒。为了转移视线，米粒把我跟高兴拉到餐桌上，特许我们不等菜上齐就开吃。

接下来，我们就对所有的菜开始了大

扫荡，连满满一大盆胡辣汤也喝了个底朝天。米粒妈妈乐坏了，一顿饭下来，她送我们一个雅号，叫“菜遭殃”。

两小时很快就过去了。“菜遭殃”二人组再次现身米粒的闺房。米粒用细筛子滤出花的汁液，倒进一个干净的玻璃瓶子，香水做好了。

临走前，米粒往我们的战袍上洒了些香水。我和高兴的确闻到了一丝清香，不过，更浓的还是那股拖把味儿。米粒决定把汁液倒回大碗里，再盖上盖儿闷一夜，这样香气才会更浓烈一些。

我跟高兴拭“鼻”以待！

科学小贴士

可以净化空气的衣服由英国圣菲尔德大学和伦敦服装学院联合研制，2011年正式亮相，是用一种非常柔韧的混凝土喷射在纤维上做成的。如果电梯里有人抽烟，穿着它可以吸附烟雾，大家就不用吸二手烟了。衣服越脏，表明它对环境净化的贡献越大。

1月20日 星期六
“火山”喷发啦！

咬牙切齿真不是我的风格，而且这有损我英俊潇洒伟岸的形象。可是，无奈，今天是大寒呢！

我们仨和米粒爸爸一起窝在郊外的一座小屋里，有一搭没一搭地聊天。可我们听到最多的还是“咯咯咯”的声音，因为这会儿正在上演的战争片叫作《牙齿打架》。高兴提醒说，一定要把舌头缩进去，免得被牙齿误伤了。

我说：“不如我们集体变身野生雪猴，这样就可以在零下 5 摄氏度的天气里，赏着雪花泡温泉了，那叫一个美！”米粒的提议更酷：“钻到地球的肚子里最暖和！那儿的热能相当于两万多个大发电站的发电量呢！”总算高兴还正常，他说：“这太酷了，残酷的酷，明显我们钻着钻着就会人间蒸发了。”

这可怎么办呢？

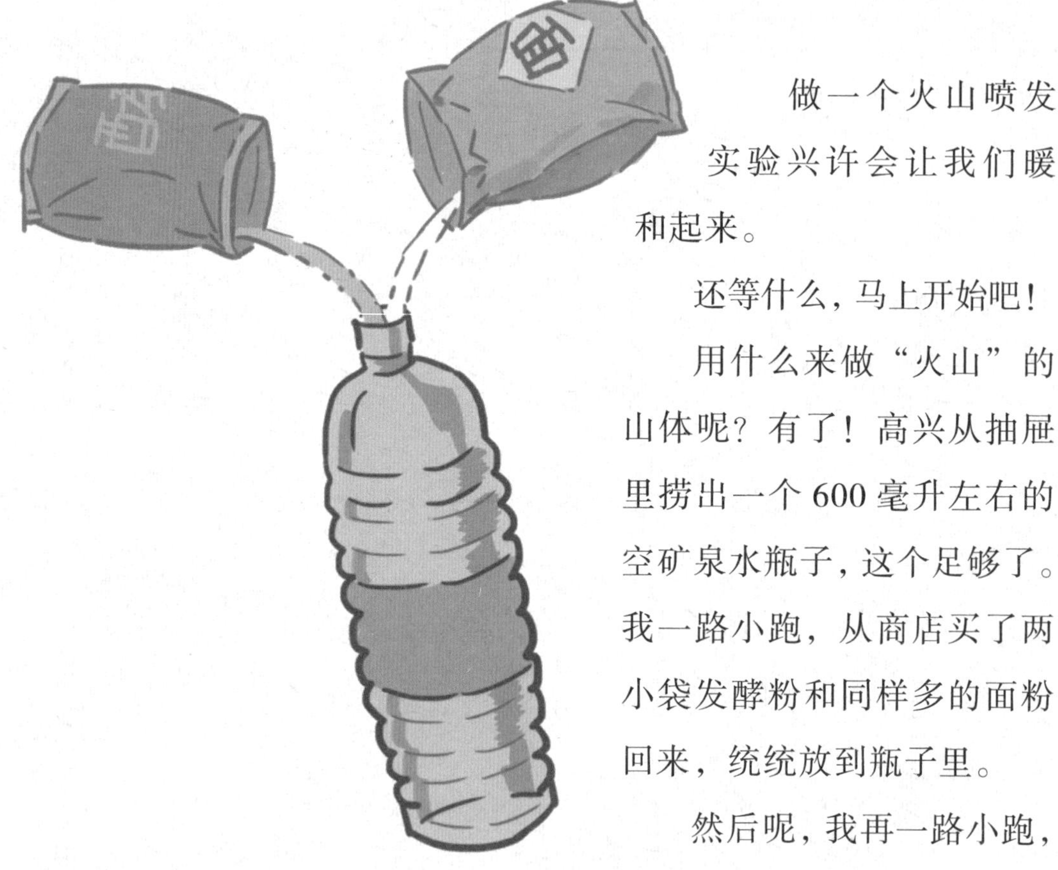

做一个火山喷发实验兴许会让我们暖和起来。

还等什么，马上开始吧！

用什么来做“火山”的山体呢？有了！高兴从抽屉里捞出一个600毫升左右的空矿泉水瓶子，这个足够了。我一路小跑，从商店买了两小袋发酵粉和同样多的面粉回来，统统放到瓶子里。

然后呢，我再一路小跑，从旁边学校体育课用的沙坑里挖来一点儿沙子，把“山体”埋起来，只露出瓶口。为了方便善后，我用一个纸盒子来装这些沙子。

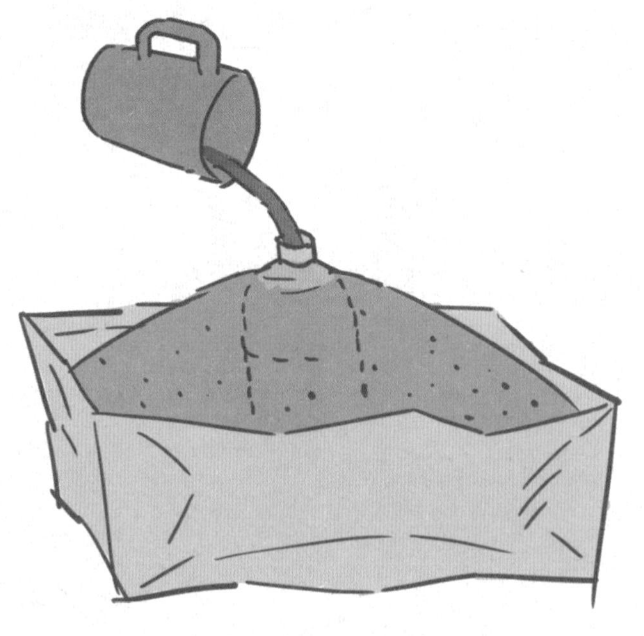

把红色皱纹纸撕成小块的事儿就交给

米粒了。撕完以后，把碎纸和白醋倒进我吃饭用的碗里。搅一搅，再搅一搅，白醋就变红了。米粒用两支铅笔当筷子，把皱纹纸夹出来扔掉。千万别用红墨水当染料哦，它的脾气太古怪了，遇到酸会产生沉淀，遇到碱会变成棕色。

米粒把红色的醋倒进瓶子里。咕隆咕隆，醋跟瓶子里的面粉和发酵粉“打架”了，产生了好多二氧化碳，瓶子里的东西沸腾起来，越涨越多。

嘭！红色的“熔岩”从瓶口喷了出来，“火山”喷发啦！

这个实验多少有点儿难度和风险，所以米粒爸爸自告奋勇地当起了我们的“贴身指导”，给他记一功！

科学小贴士

水下也会发生火山喷发哦，有些海底小山和露出海面的岛屿就这样形成啦！

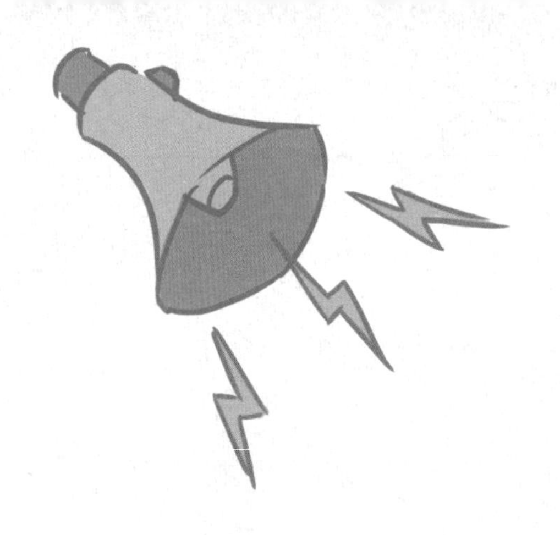

1月28日
星期日
童童变成聋聋

我最近总是戴着耳塞，免得高兴吹着他的“呜呜祖拉”对我发动突然袭击。这是一种南非人用来驱赶狒狒的大喇叭，声音最高能有127分贝，有可能让我这个童童变成聋聋。

我去找了米粒，指望她那儿能清静一些。哪里想到，她最近迷上了尖叫，常常像个疯子一样对着一杯咖啡尖叫。她还要我也一起尖叫，说只要我俩7个月不停地尖叫，大概4年能加热这杯咖啡。还好我的耳塞一直戴着！

跟我同病相怜的，还有住在商场附近的鸟儿。我发现，它们比我家门口的鸟儿嗓门大多了。有什么办法呢？想在闹市区跟同伴聊两句，不扯着喉咙还真听不见。

无处不在的噪声，让我感到电话真是一个伟大的发明。看来，只有用小实验才能把高兴和米粒从对噪声的迷恋中拯救出来。现在就开始准备，做一个橡皮管电话吧！

我找来两根橡皮水管，切成一般长。再用透明胶带把它们捆在一起，看上去就像连体双胞胎。不过，别从头捆到尾哦！分几处来捆就行了。

爸爸从暗房里找出冲洗胶卷用的神器——四个塑料漏斗，把它们分别插在四个管口上。为了让它们和橡皮管亲密接触，要用胶布把接口的地方粘好。

高兴过了一把涂鸦瘾，因为他需要在四张废纸上画两张嘴巴和两只耳朵。然后，他再往同一根管子的两个漏斗上，一头贴嘴巴，一头贴耳朵。另一根管子也一样。不过，同一端的两个漏斗上，是一张嘴巴加一只耳朵。

电话做好了，试试效果吧！高兴拿着管子的一头，站在我家的客厅里。米粒拿着另一头，站在我的储藏室。从客厅到储藏室，恰好有一个拐角。然后，米粒对着画了嘴的漏斗说话，高兴拿起画着耳朵的漏斗来听。

我很好奇地问高兴，米粒说了什么，高兴竟然不告诉我。哼哼！好吧，待会儿我跟米粒“打电话”的时候，我就说：“童童什么也没说。”

科学小贴士

珍稀的淡水豚靠自己体内的“声呐”觅食，而航船引擎发出的噪声会干扰它们的回声定位，让它们找不到吃的。

3月10日 星期六 纸箱做的家

今天，我收到了一封非常难懂的信。我用爸爸的相机拍下来，再用电脑放大，才勉强看清上面的内容。原来，是高兴要我跟米粒上他家去玩儿。这是在训练我做特工吗？不过，我猜，高兴是为了节约纸张才把字挤在一起，就像扎堆取暖的小帝企鹅。

我跟米粒出现在他房间的时候，高兴正埋头折纸。他已经把一张纸对折了 8 次，大多数人能对折 7 次，不过，高兴的目标是 12 次，据说有一个在校学生做到过。

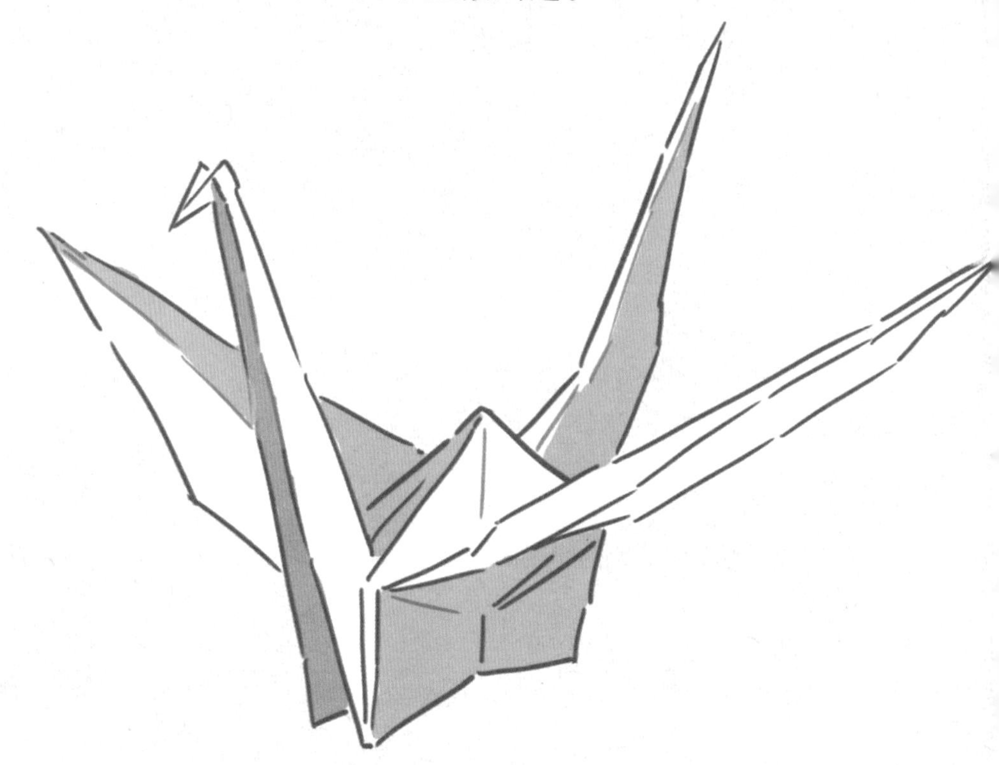

米粒说她能对折 13 次，当时高兴看米粒的眼神，就像在仰望一座高山。5 秒钟以后，米粒把一沓米粒大小的纸片摊在手心里。我跟高兴一致判她作弊：因为她把纸撕碎了。我正在可惜这张纸因为撕得太碎没法儿回收利用，米粒却说，她打算把这些碎纸带到她小姨的花店里做堆肥，或者给小饭垫猫砂用。

米粒还打算征集我们用过的装鸡蛋的纸盒，把它们搁在猫爬架上，小饭会很爱这个新玩具。高兴家那些用过很多次再也没法包装东西的纸箱子，也激起了米粒的兴趣。她喜欢做手工，我们都很期待这些退休的“运输大队”会变成什么样子。

结果，米粒给了我们一个大大的惊喜——她用纸箱搭出了个“家”！

米粒把一个纸箱平整的部分剪出几个高度相等的长方形，用它们围出房子的外墙和房间，把它们相接的地方用胶水和透明胶带粘牢。

她让我跟高兴在用来分隔房间的纸板上开小门。高兴老老实实地开了个长方形的门。我呢，开了一个圆形的门，因为我的理想居民是个汤圆啊。

下面都是修饰的工作啦。比如，用低于房间高度的纸板围

一个纸环，里面塞一点儿棉花，就成了“懒洋洋牌”沙发。用很细的纸板条围出相框、门框、窗子。再拿窄而短的纸板粘在墙壁上，就成了搁板，上面放些迷你毛巾或者“盖景”。这名字是我起的，因为要是大的叫盆景的话，用矿泉水瓶盖儿装些假花草只能叫“盖景”吧！

高兴说，他奶奶用碎布头做了些小靠垫，正好可以装点这个房间。米粒强烈要求跟他奶奶切磋，高兴一口答应了。当然，我这个最佳观众也是必须出场的。

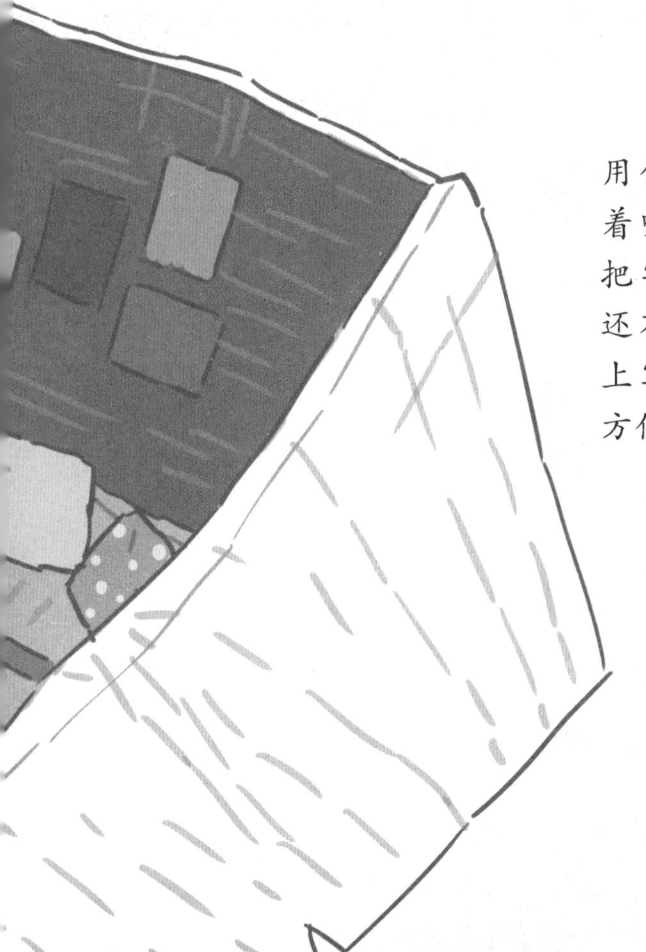

科学小贴士

在纸发明以前，人类用什么来记事呢？方法多着呢！比如，结绳记事，把字写在龟甲和兽骨上，还有在竹片、木片和丝帛上写字。这些都没有用纸方便。

3月12日 星期一 还原"沙尘暴现场"

早上，幸福指数最高的是我的书包，都9点了，它还在家酣睡不醒。这是在上演逃学的游戏吗？怎么可能！其实是它老板，也就是童晓童大人给它放了个小假而已。

今天是植树节，我跟米粒、高兴一早就来到望山，誓要把满身臭汗洒在这片即将栽种的土地上。我想，种子们会喜欢这种带点儿咸味的矿物质饮料的。不过，米粒可能会坚持她洒的是香汗。

我跟高兴一个管挖一个管埋，这两个动作之间还有一个重要间隔：米粒把手里的小树苗稳稳当当地放进土坑里。

放眼望去，整个望山都是这样的三人小组！

11点不到，战斗结束！哇哦！我有种强烈的预感：多年以后，3公顷的绿色望山每天将吃掉3吨左右二氧化碳，吐出大约2.19吨氧气。我们“科学小超人”排好队伍，集体向这个伟大的洗碳池和造氧机致敬！

解散的时候，老师宣布：下午分小组，做植树节小实验。

头疼！做哪一个好呢？这只能怪我们爱做的实验实在太多啦！要不，来还原一下沙尘暴现场吧！假设有一个路人甲，走在植被稀少的大荒原上，遇到了沙尘暴！好惨！他最后能保住性命吗？还是在实验室里寻找答案吧！

一个玩具小人儿出场了。我们和老师一起，给它脚底刷上了强力胶，把它粘到一个透明玻璃瓶子的底部。然后，等胶水干透。

继上次做“火山”之后，我已经是第二次跟体育课的沙坑借沙子了。虽然明知道有借无还，它还是慷慨地又给了我一点儿沙子。我把沙子装进瓶里，又放了点儿亮粉进去。至于亮粉嘛，是某个不方便透露姓名的臭美小姐姐主动提供的。

接下来，我还要往瓶里加5小勺甘油和1小勺水。甘油可是个脾气火暴的家伙，遇到明火易燃。老师一直陪着我们，他说这样他心里比较踏实。

现在，盖上瓶盖儿，使劲儿晃动。一般这种使蛮力的活儿都是高兴包了。

不好！在漫天飞舞的细沙和亮粉中，玩具小人儿不见了。不过，等到这个瓶中世界再次静下来，我们又看到了它的笑脸。

真是坚强的玩具小人儿啊！我正打算给它颁奖，一抬头，却发现阳光小学四年级（1）班5组2排的上空，早就被同学们筑起了人头堡垒。

科学小贴士

一棵树同时是好多生物的家园。虫子啃食树叶，把卵产在树上；鸟儿在树冠上做窝，顺便吃点儿虫子；哺乳动物在树干或树根部打洞，吃些坚果和种子。而树呢？它会依靠鸟儿控制虫害，靠哺乳动物传播种子。

3月22日 星期四
油焖饭小米

今天，我打算像蜗牛那样吃掉晚餐。不过妈妈说，那得同时戴上1000副牙套，才有可能体验蜗牛是怎么嚼东西的。对哦！蜗牛针眼大的嘴巴里藏着两万多颗牙。不过，对一个像我这样有好奇心的人来说，这是必须接受的挑战！我正在想法子从爸爸那里敲来买牙套的钱，米粒打电话来了。

“童童，限你两分钟内来我家，有神秘礼物送给你！”

我脑子里立马有一支笔为这个礼物画像。我猜，我希望，我祈祷那一定要是一副适合我戴的牙套啊！

我丢下晚餐，尽量装作无所谓的样子，出现在

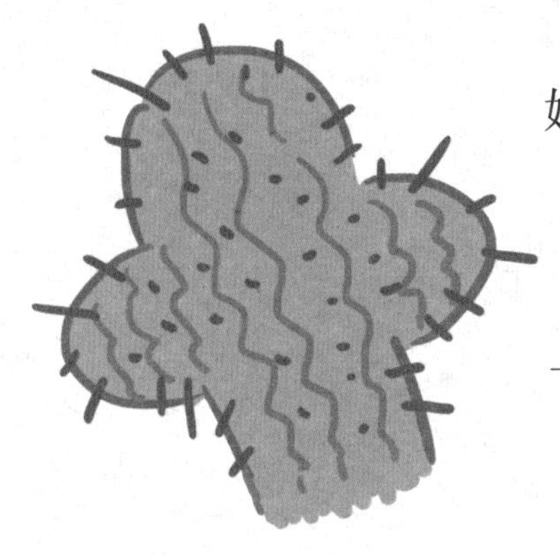

她的面前。她房间里的大抽屉简直是个百宝箱，里面什么都有。她把胳膊伸进去，像钻探机一样，从最底下捞出一个四四方方的大布包扔给我。

沙包？！

强烈的失望让我想起了正在变凉的晚餐。现在，我的肚子强烈要求吃饭，它可不想玩什么丢沙包！

可是，米粒却说："我想借你试试沙浴！"

"沙浴？你是说用沙子洗澡？"

"理解正确！因为今天是世界节水日！"

"你试了吗？"

"就因为我自己不想试，所以才要借你试试喽！怎么，不敢试吗？"

我想，米粒将来要是在生物实验室工作，她肯定不介意拿我做人体实验。太可恶啦！不过，要是拒绝她，就会被说成胆小鬼。何况，我长这么大还从来没用沙子洗过澡，不试一试的话，心里会长疙瘩的。

回到家，我暂时把牙套的事儿搁在一边，飞快地解决了晚餐以后，就把自己关进了浴室里。对着沙包冥

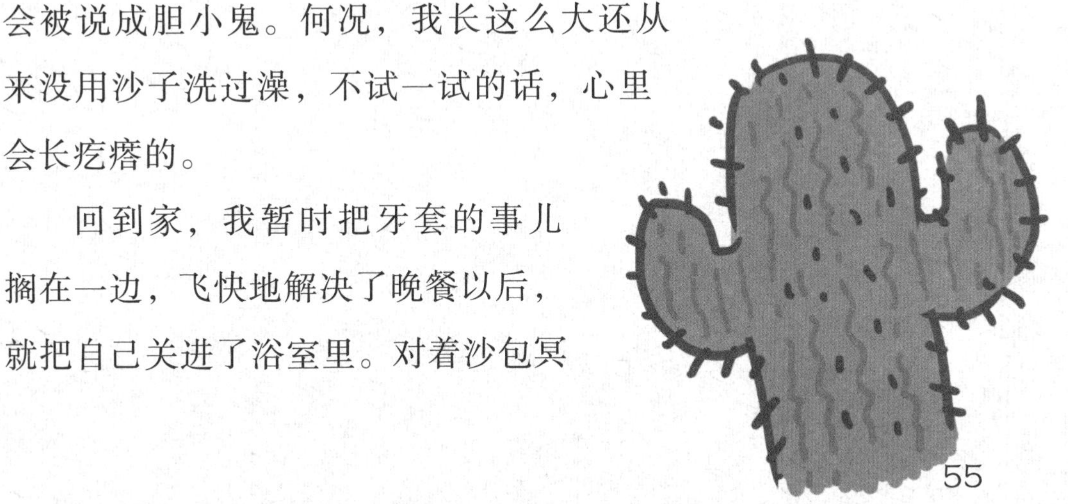

想片刻以后，我的沙浴计划出炉了：

先用鼻毛剪剪掉沙包的缝线。这个圆头的剪刀实在不太好用，但这是浴室里唯一的剪刀。没办法，将就一下啦！

再把沙子倒在一个干燥的小盆里。幸亏没用大盆，那样的话，沙子就成不了堆，很难抓起来。

用沙子搓澡可不像用毛巾，它生猛多了。要是力道太大，说不定会磨破皮肤。所以，我先在手腕上试了一下沙子的颗粒感，根据沙子的粗细决定力道的大小。

沙子挺细的，所以，我就放心大胆地从头到脚洗起沙浴来了。

怎么说呢，沙浴的感觉有点儿怪怪的，不过住在撒哈拉沙漠的人也许会觉得每次洗澡都用那么多水更奇怪。一个明显的区别是，我安安静静地而不是稀里哗啦地洗完了澡。

米粒的电话来得不早不迟，看来她

很着急想知道沙浴的结果。

我们在路灯下碰了个头，结果都哈哈大笑起来。米粒说我是“沙哈拉威人”，因为我的眉毛和头发里都是沙子。我也给米粒起了个菜名，叫“油焖饭小米”。她虽然没有沙浴，但也学日本的“无水女人”，用橄榄油抹了个澡，路灯一照，真是瓦亮瓦亮的。

经过粗略估算，我俩不用水洗澡，一次能节约0.3吨水。哇，太棒了！

科学小贴士

米粒很肯定地告诉我，不用水的洗澡方法还有很多，比如说风浴。这需要一个八面来风的阳台，或者站在有风的地方，缺点是不能全身洗。我想，如果是沙尘暴天气，不是可以同时沙浴和风浴吗？嘿嘿，不过这纯属是科学幻想，靠谱指数为零。

3月24日 星期六 令人着迷的拾破烂儿

我的学校离家很近，每次放学我都要绕好大一圈才到家。这样不但可以呼吸更多的新鲜空气，还可以走街串巷捡东西。

刚开始，我还有点儿难为情。因为捡东西说得难听点儿就是拾破烂儿，大多数人是不屑于干这种事的。不过，我很快就改变了想法。

昨天下午，我从小树林绕回家，一眼就瞄上了一截歪躺着的樟树树根，大概到我膝盖这么高。从切口清新的香味来看，应该是最近两天才砍伐挖出来的。它也许还没有从跟身体分离的痛苦中解脱出来呢！我决定给它一个新家。正当我费劲儿地拖着它往家走的时候，一个熟悉的声音大叫起来："童晓童，你也在拾破烂儿吗？"

一听这声音，我的脸唰的一下就红了。可转念一想，什么叫“也”呢？我以前怎么不知道米粒“也”拾破烂儿呢？！

在米粒的友情援助下，我总算在天黑前把这个体重超标的家伙弄回了家。之所以走得这么慢，完全是因为两个体力劳动者过于陶醉在他们的劳动号子里：我们像整理家谱似的，聊着自己知道的那些爱拾破烂儿的名人。

三毛绝对是我们的前辈，他是为了生存而拾破烂儿的，他的能耐简直出神入化。这位旧上海的流浪儿捡东西的时候，根本不必看着地面，眼角闲闲一瞟，就知道哪些能用，哪些不必理睬。哇哦，这正是我跟米粒努力的方向！

还有一个法国老太太阿涅斯·瓦尔达也迷上了拾破烂儿，她专门拍了一部纪录片，名字文绉绉的，叫《拾荒者》。她把拾荒者分成三种：一是因为贫困而拾荒；二是为了减少浪费而拾荒；三是捡拾那些被遗忘的艺术珍品。我跟米粒好像介于第二种和第三种之间。

这截树根终于在我家落户了，它有了一个新身份：爸爸的专座。妈妈从上面凿了几块小木片，说要放到衣柜里防蛀。妈妈的手艺真不错，樟树根看上去像睁开了一只眼睛。喂，伙计，喜欢你的新家吗？

临睡前，我从自己的大口袋里掏出一个带镂空花窗的茶叶盒，那是在一个堆放装修垃圾的地方捡的，里面好看的小瓷片是一个打碎的青花碗的遗体。这个组合能干什么呢？嘿嘿，米粒最近迷上了熏香，这也许是个不错的熏香盒子。

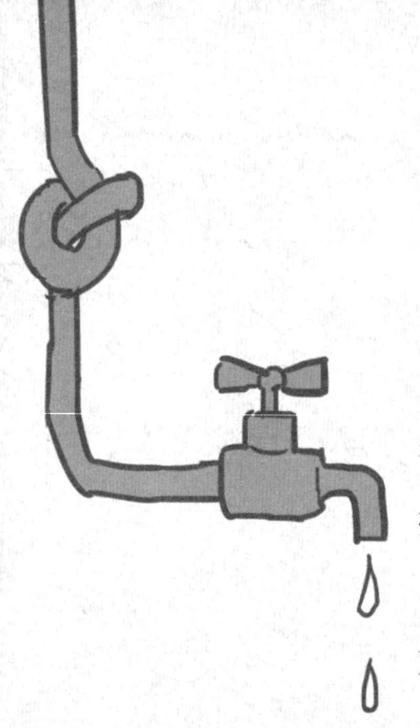

3月30日 星期五
刨地节水的新招儿

难以相信，我竟然洗了一个星期的沙浴。我出浴的时候，总是风尘仆仆的，就像爸爸扛着三脚架从外面回来的样子。每次妈妈问："哪儿来的怪味儿？"我只要指一指爸爸，就立马化险为夷。要不然，妈妈肯定会把我塞进浴缸里，用鞋刷把我刷得比墙壁还白。

吃过晚饭，我打电话约高兴出来。高兴很想洗沙浴，可他这种躺着都汗湿一片的体形，实在不适合沙浴。之前他老是怪我没叫他一起尝鲜。出于愧疚，我在家找到一张卡纸，把躲在眉毛里的沙子抖到卡纸上，再照着折纸书把它折成心形，在上面写着："请好好保管，20年后它就价值连城了。你可以在某个海滨浴场签名售沙，因为它们是伟大的作家童晓童用过的。"

在路灯下碰面的时候，高兴竟然带了一把铁锹。

我能想到它的唯一用途，就是用来给我“刮澡”。我扭头就跑。不幸的是，高兴一把抓住了我的头发。

高兴把我拖到一个僻静而漆黑且充满泥土芳香的地方，然后开始用铁锹挖地。大概挖了有30厘米见方，他叮嘱我给他放哨。然后，我听到“嗯嗯”的声音，还有食物在完成肠道旅行之后散发出的独特气味。

这家伙，还有比这更过分的吗？！有！高兴忘了带纸，我只好把心形的卡纸扔给他。

一切都结束之后，高兴说：“我打算以后都刨坑上厕所，这样可以省下每次冲马桶的6升水。”我真不知道是该竖起大拇指夸他的环保意识，还是该把大拇指向下，表明自己不能接受。

临睡前，我突然想到，高兴用掉的卡纸上，写着我的名字，而且只有我的名字。天哪！但愿不会有谁再看见它！我还要叮嘱琥珀千万别到那儿去刨地。

为了转移高兴对刨坑节水的兴趣，我连夜写了一张小贴士，上面都是不必刨坑就能节水的招式，我打算明天就把它送给高兴。比如，用一个蓄水桶接雨水，用雨水来冲厕所或者浇花；再也不泡澡了，最多只洗淋浴，它只需要泡澡水量的三分之一；戒掉易拉罐饮料，因为做一个易拉罐需要用掉这罐饮料容量的300多倍水；不把地铁站的免费周刊带回家，印刷这份周刊可能耗掉200升水；看见没关严的水龙头，都把它们拧上，拧上，再拧上。

写着写着，我就收不住了。于是，我给妈妈和米粒小姨也分别准备了贴心小提示。

我建议妈妈把剧本里雨天的戏都改在晴天，或者只在下雨时才拍雨天的戏，这样剧组就不会为了制造雨而浪费水了。

米粒小姨的花店如果用上滴灌器，那些花花草草喝水时就不会成“漏嘴巴”了。

滴灌器做起来非常简单。我找来几个用过的塑料瓶，必须带瓶盖的才行。妈妈帮我用缝衣针在靠近瓶底的瓶壁上扎了几个小孔，再把瓶子灌满水，拧上盖子，放到要浇水的花盆上。要站稳哦，别趴下！

滴灌器的关键就在瓶盖上。要是把盖子拧得紧一点儿，水就滴得慢；松一点儿的话，水就滴得快。不过，可别拧死了，那样水一般会憋在瓶里出不来。

哈哈，这个样子，就像花花草草们打起了点滴！

科学小贴士

地球虽然水汪汪的，但只有2.5%的水是淡水，河流和湖泊中的淡水只占世界总水量的0.3%。

3月31日
星期六
家里的熄灯日

今晚，我和爸爸妈妈要做一件世界性的大事！8点半，我们熄掉了家里所有的灯。这一刻，从莫斯科到吉隆坡，从斯里兰卡到悉尼……全世界关爱地球的人都熄掉了家里的灯，一起加入“地球一小时”活动。

特别的夜晚到来了。

一顿烛光晚餐需要两根蜡烛。为了接住蜡烛的“眼泪”，我在烛台底座上加了个小铁盒。等蜡烛烧完了，往这些蜡油里泡一根粗棉线，就可以再支撑一会儿。不过，我听范小米说，她曾经去一家黑暗餐厅吃饭，里面连蜡烛都没有，食客们在一个黑乎乎的屋子里盲吃盘里的食物。哈哈，这下，他们的鼻子有口福啦！

噗，噗！蜡烛吹灭了，餐后时间是今晚的亮点。真的有亮点哦！因为我提前在家里的拐角贴了反光条。那两个移动的反光条是爸爸和妈妈，没贴反光条的神秘来客当然是我啦。嘿嘿，我会突然跳出来吓吓他们，爸爸妈妈很配合地尖叫起来，不过我听得出，他们其实一点儿也不害怕。

爸爸说，他小时候常常躺在竹床上数星星，数着数着就睡着了。唉，一去不返的浪漫啊！现在，各种各样的灯把地球变得越来越亮，范小米说她得戴着眼罩睡觉。比她更惨的是蝙蝠和猫头鹰，这些夜行动物受不了夜晚强烈的光线，而且它们没法戴眼罩。天文学家在城市里甚至连星空也观测不了，

他们会失业吗？天哪！

今晚最后的节目是寻宝。爸爸摸到一团圆圆的、软软的但又不是球的东西，它有一种特别的“香气”。嘿嘿，那是爸爸随地乱扔的臭袜子。多有味儿的节目啊！

科学小贴士

“地球一小时”的活动时间是每年3月的最后一个星期六的20点30分到21点30分。在光线微弱的情况下摸黑走路的时候，怎么才不会跟别人相撞呢？普遍的做法是贴反光条和穿浅色衣服。特别一点儿的嘛，你可以抱着你的爱猫：它的眼睛可以反射光线，亮度不亚于电力十足的小灯泡呢！

4月4日 星期三 非常特别的早餐

怎么这么冷呢！去年的今天，米粒说“乍暖还寒四月天”的时候，我连着仰视了她一个多月，弄得脖子都僵掉了。我这么做的秘密动机，其实是指望她从疯丫头转型成乖乖女，这样我脸上也有光啊！谁知道，她还是老样子！

早上，按照约定，我跟高兴没吃饭就溜出来了。这是在体罚肚里的馋虫吗？才没这么傻呢！米粒说了，她会带给我们一份非常特别的早餐。

可是，老天呀，所谓的特别早餐，竟然是两个大馒头，而且还是冷的。唉，哪怕是热乎乎的豆包也好呀！

我跟高兴严正抗议，甚至打算折回家去吃妈妈做的土法三明治——就是用昨晚吃剩的米饭压成饼，夹昨晚吃剩的菜。

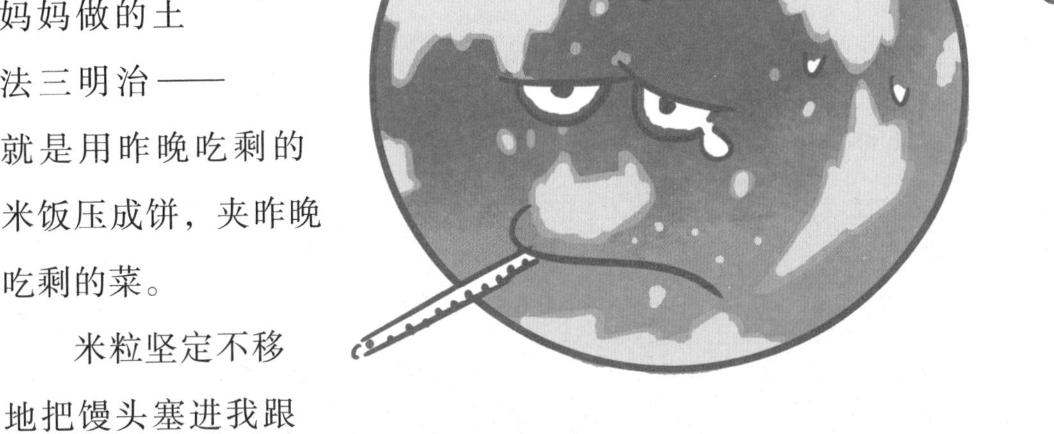

米粒坚定不移地把馒头塞进我跟高兴的嘴里。她还说：“今天是寒食节，吃冷食，必须的！”哦，我终于明白，妈妈做土法三明治的时候为什么不开火了！

也好，减少燃烧，等于是在降低温室效应。我们的地球正发着低烧呢！照这样下去，浮冰太早融化，海豹会没地方生宝宝，鸟儿们的海岸小巢也会因为海平面升高而被淹掉。

想到这些，我们就心甘情愿了。我宣布，“科学小超人”正式启用“人体微波炉”来加热这些冷馒头。操作方法很简单：反复嚼，慢慢咽。

到了学校，我发现好多同学都在吃“特别的早餐”。太有节日气氛了！此情此景，不做个寒食节小实验情何以堪啊！

课间10分钟，小实验即将开始，课桌上空的人头堡垒又筑起来了。

我借了两个一样大的玻璃碗做“海床”，这比真正的海床暖和多了，那个阳光照不到的地方，温度总在0摄氏度以下。现在，我们打算在两个“海床”上打造周围漂着浮冰的小岛和覆盖了冰帽的小岛。

用什么来做“小岛”呢？两块大一点儿的积木就可以啦！把它们放到两个“海床”里。接着，高兴往第一个“海床”里加了一杯水，再扔几个冰块到水里，在水位线上画一条线。这些冰块跟积木一起漂在“海上”。这就是周围漂着浮冰的“小岛”了。

米粒在第二个“海床”上画上了和第一个同样高的水位线，然后把积木放进去。不过，这个时候可不能把冰块直接扔进去，

而是要把它放到“小岛”上。然后再把水加到画好的水位线上。就这样，覆盖了冰帽的“小岛”也做好了。

现在没事可干，只能等冰块融化。几个性急的男生不停地冲冰块哈气，希望它们快点儿化掉。

结果终于出来了：冰块完全融化以后，第一个碗里的水位还是老样子，第二个碗的“海平面”却升高了！

这就是说，地球变暖的时候，让海岸的鸟儿们无家可归的，并不是海里的浮冰，而是陆地上的冰盖。要是南极大陆的冰盖融化……天哪，全世界很多人口密集的大城市都在低海拔地区呢！我简直不敢往下想。

爸爸说过，马尔代夫的总统开过一个海底会议，内阁大臣们得穿着潜水衣到6米深的海底参加会议，大家只能靠手写板和打手势交流。这可不是搞怪哦，气候变暖导致海平面上升这回事儿，真的火烧眉毛了！

科学小贴士

要是海平面上升7.5米，我们只能穿上潜水服游览一些城市的美景了。这个名单包括：阿姆斯特丹、孟买、悉尼……

5月19日
星期六
蚯蚓的葬礼

早上，在下着小雨的花坛旁边，我们“科学小超人”打着伞为蚯蚓们举行了隆重的葬礼。米粒的致辞差点儿把我跟高兴给弄哭了。这些蚯蚓虽然年龄、籍贯、长相各不相同，但聚在这里的原因是一样的：它们曾经是疏松土壤的劳动模范，因为人类喷洒农药而无辜死亡。

受害者名单很长，凡是受到农药污染的生物无一幸免：鲢鱼和它的邻居们会永远直不起身体，失去自由摇摆的快乐；很多雀鹰再也看不到宝宝出世，它们生的蛋很容易碎掉；连秃鹰这种吃腐尸都不会生病的大鸟，也会因为吃农药中毒而昏迷，就别提肠胃更加脆弱的人类了。

所以，每次到菜场买菜，妈妈都特意挑那些虫子吃剩下的菜，虽然这个方法并不保险……

气氛有点儿沉重，高兴提议我们一起上他爷爷家去玩儿。

高兴爷爷退休前是生物学教授。高兴爱吃土豆，爷爷就种了好多土豆。作为专业级绿色达人，当然不打农药啦！可虫子也爱吃土豆，怎么办呢？这可难不倒爷爷。他在土豆苗旁边种了荠菜，荠菜开着白色的小花，虫子们更爱花儿，就从土豆苗上“移民”过去了。

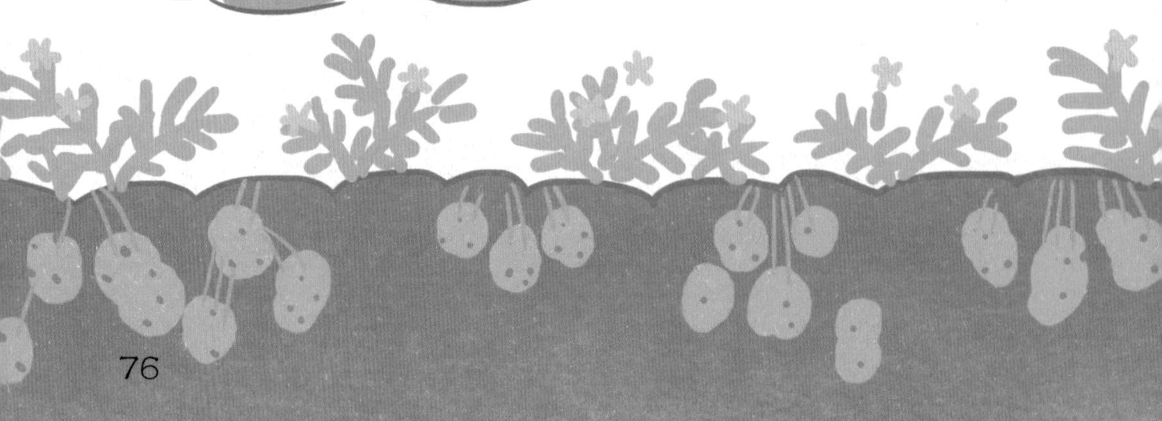

路过稻田的时候，有一群鸭子在田里划水。我担心鸭子们把水稻给吃了。高兴爷爷笑着说，这些鸭子更爱吃田里的杂草和害虫，而且它们的便便还可以肥田。对哦！我以前看到有人在水稻田里养鱼，应该是一样的道理吧！

科学小贴士

像上面那样边种水稻边养鱼的“双赢”模式，叫作“立体农业”。

5月20日 星期日
挑战50件物品

早上，我一打开卧室门，就看到妈妈贴在墙上的便笺：“此路不通。”

我抬起蒙眬的双眼——不好！走道上堆满了衣服、鞋子、棉被、椅子、电脑、行李箱……难道我们一夜之间变成了难民？这是联合国空投的救援物资吗？不过，这里面好像有我冬天戴过的飞行帽，还有那双喂过蛀虫的毛袜子。

看样子，妈妈准备大干一场了。她总是在心血来潮的时候，把家里收拾得像样板房一样整洁。我跟爸爸还是喜欢乱一点儿的房间，不过，还好，妈妈的整理癖一年也就发作两次。

怎么爸爸也是一副干劲十足的样子？好吧，看来今天的早饭得儿子出马了。从卧室到大门，我几乎是游着出去的，我尝试了蛙泳、仰泳，还有最难的蝶泳。

买了豆浆油条回来，我正打算用狗刨式“游”到饭桌上去，却发现走道里那些东西消失了。原来，妈妈跟爸爸在“挑战 100 件物品”，就是把自己用的东西减少到 100 件以内。那些多出来的东西，已经叫大卡车运走了。一周以后，它们就会在更需要它们的地方安家啦！

真没想到，我们家装下过好几百样东西，当初难道是用大象驮回来的吗？

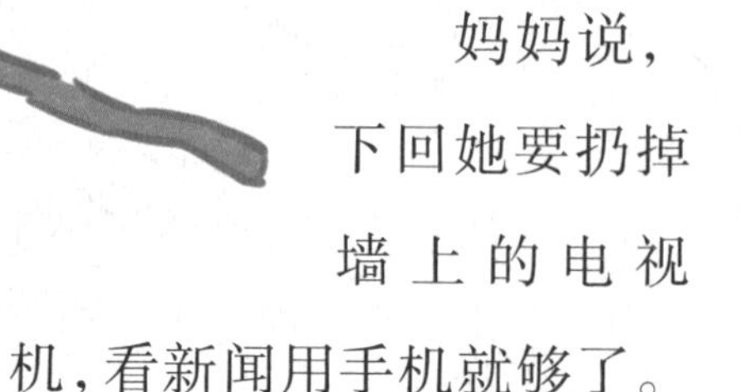

妈妈说，下回她要扔掉墙上的电视机，看新闻用手机就够了。还有家里闲置的锅，有的从来没尝过油烟的味道。

爸爸说，照这样下去，我们仨会像第欧根尼一样生活也说不定。这个古希腊的洋爷爷住在桶里，他所有的家当不过是一个木桶、一件斗篷、一根棍子和一个面包袋。原来，人的生活必需品可以这么少！我想，爸爸再怎么着也会比第欧根尼多一件——相机。

我喜欢家里空出来，呼吸好像也更自由畅快了！我一连翻了十几个跟斗，竟然没有被绊倒。我要把这个好玩儿的挑战带进“科学小超人”小组！我们的计划是——挑战50件物品。

本来以为很容易做到，仔细一收拾才发现，我们每个人的东西都在 200 件上下。米粒的东西都接近 300 件了，因为她有一堆扎头发用的发夹，还有带穗和不带穗的围巾。

虽然很艰难，我们还是尽力完成了这个计划。那些决定再也不用的东西，我们委托大人帮忙在网上二手货市场卖掉，得来的钱捐给“萤火行动”，希望大山里的小朋友从此能够在路灯的陪伴下上学。

科学小贴士

现在，全世界每天都有超过 35 万个婴儿出生，每个人从出生开始，就占用了不少东西。如果每个人都尽量去掉不需要的物品，我们的地球会轻松很多。

6月21日 星期四
向太阳致敬

早晨，我被热情的阳光叫醒，突然想到，今天是夏至。这意味着，我会和所有北半球的人一起，度过一年中最漫长的白天。

咦，今天，大家会怎么迎接这个节气呢？

爸爸一早就背着照相机出门了，据说晚上8点才会打道回府，因为这将是今天日落的时间。妈妈在客厅里练瑜伽，照例从“向太阳致敬式”开始。我也加入了致敬的队伍，心里默默地感谢太阳温暖了地球上所有的生命。虽然太阳的能量只有大约二十亿分之一到达地球，但它足

以让植物健康成长，那些爱吃叶子的动物因此膘肥体壮，爱吃肉的家伙们也身手矫健。其中就包括我、米粒和高兴，还有我们的家人。

课间 10 分钟，我们发现太阳默默无闻地为我们做了更多的事情，比如：我们这会儿说话的能量，可能是一两年前的太阳提供的。因为从太阳光抵达地球开始，到植物们把获得的能量储存起来，再到动物们吃掉植物，把这些能量转变成身体的脂肪或者其他东西，再到我们吃了用植物、动物做成的食物，把能量变成我们说话时的声能，这么多次的转换，可不是一朝一夕的事儿呢！

午餐的时候，我们仨决定好好地利用太阳能，以此来向太阳致敬。鉴于一天内到达地球的太阳能可以让人类用上好一阵子，我们发誓，绝不辜负这个超级电池的美意！

米粒表示，她最近正考虑买一个收音机，但必须是太阳能充电的。高兴说，他也要建议爷爷把别墅的庭院灯换成太阳能供电的。我嘛，我打算以后每天早晨和妈妈一起做“向太阳致敬式”，直到我变成“古代动物遗骸”的那一天。

科学小贴士

每年夏至这天，北半球的白昼达到最长，且纬度越高的地方，白天越长，黑夜越短。北极圈内甚至出现极昼现象。南半球的情况正好相反，南极圈内会出现极夜。

6月23日 星期六
一起来做日影表

难道是我坚持练习“向太阳致敬式”的原因吗？这几天艳阳高照，天气好到爆！我忍不住想，要是我一直做这个练习，赤道会挪到我家的位置吗？那样的话，穿着短袖也能过冬，还能吃到各种奇形怪状的热带水果，而且我将在一天之内跨越赤道线100遍。

不过，这会儿我得把关于赤道的遐想紧急刹车，因为米粒和高兴来了。我们早就约好了，要挑一个天气好的周末来做日影表。

这样，就算不戴手表也可以知道时间。

高兴带来一个陶土花盆，把它倒扣在地上。之所以没用塑料花盆，是因为它太轻了，很容易挪位。

我削了一根小木棍，插在花盆的孔里。棍子要跟这个孔一样粗细才好，这样就能插得紧站得直，而且不会掉进孔里。高兴还是不放心，他把嚼过的口香糖吐出来，加固棍子。幸好米粒没看见，不然肯定要大呼小叫。这会儿她正在房子里搜索，想找一个全天都有阳光的地方。

原来，阳台上的外置搁物架才是阳光的宠儿。米粒在上面放了一块纸板，再把花盆扣在纸板上，画出木棍影子现在的位置。

现在开始计时喽。每到整点的时候，米粒就会在纸板上小木棍的投影处做一个记号，并写下对应的时间。

太阳力挺我们做日影表直到晚上 7 点。要是在 12 月份做日影表，我们 5 点就得收工啦！

钟表发明之前，原始人看看太阳和天色就能判断出时间，真是太厉害啦！

7月23日 星期一 大暑降温十八式

今天大暑，一年中最热的时候到了，简直热到冒烟。

勇敢的高兴偏偏挑这时候挑战自我，他打电话告诉我说，他要关掉空调扛过今天。我一听，坏了！赶紧叫上米粒，快快快，我们必须赶在高兴熔化之前来到他家！

就知道会这样！高兴从头到脚每个毛孔都在流汗，他不停地喝水，不停地流汗，就像一个雪孩子在洗淋浴。我的第一反应是，赶紧找空调遥控器吧！可是，高兴说，昨晚临睡前，他把空调遥控器藏到了一个自己也找不着的地方。有这种地方吗？我就不戳穿高兴了，他把自己说成藏匿大师，不过是在掩饰羞于见人的记忆力而已。要不把琥珀叫来？它的嗅觉细胞数量比我们三个加起来还多十几倍，找个遥控器自然是小菜一碟。可是，想想它那身毛大衣，还是算了。

没辙了，我大发感慨："空调发明之前，大家是怎么熬过来的呀！"这句话就像一个点子催化剂，紧接着，不用空调的"降温十八式"诞生了（"降"的读音参考"降龙十八掌"）。

米粒讲了几个冷笑话，我们响亮地笑过之后，因为脂肪和肌肉又进行了小幅运动，觉得更热了。看来这是一个升温的点子，留着明年寒食节用。

把家里所有暖色调的东西都收到储藏室里，或者我们自己躲进去，不过这地方太小，三个人挤在一起做肉夹馍的感受真的不太好。

我提议，建一个热量银行，把这些多余的热量打包、装箱、拖走，等冬至那天取出来暖手。不过，鉴于热量银行还没有成立，这个点子也被“咔嚓”了。

我跟米粒开始尝试一些脚踏实地的方法。

比如，把向阳的门窗都关好，窗帘也拉起来。

用湿乎乎的拖把在地上写字。

在眼前摆点儿鲜花吧！可是这么热的天，大多数花儿都歇菜了，我们手边又没有耐高温的野生仙人掌……

最后，我们把高兴家的大浴缸放了些水，集体泡了进去。得来不易的凉爽啊！为了不浪费这些水，我决定天黑前把琥珀塞到缸里来游个泳，米粒嚷着说她的小饭也想跟琥珀在浴缸里叙叙旧，因为天太热，它俩已经三天没见面了呢！

科学小贴士

要是嘴馋想吃冰激凌，可以请液氮来帮忙。不过，千万别在没有防护措施的情况下和这家伙接触，因为它比冰箱的冷气还冷，大约有零下196摄氏度呢！

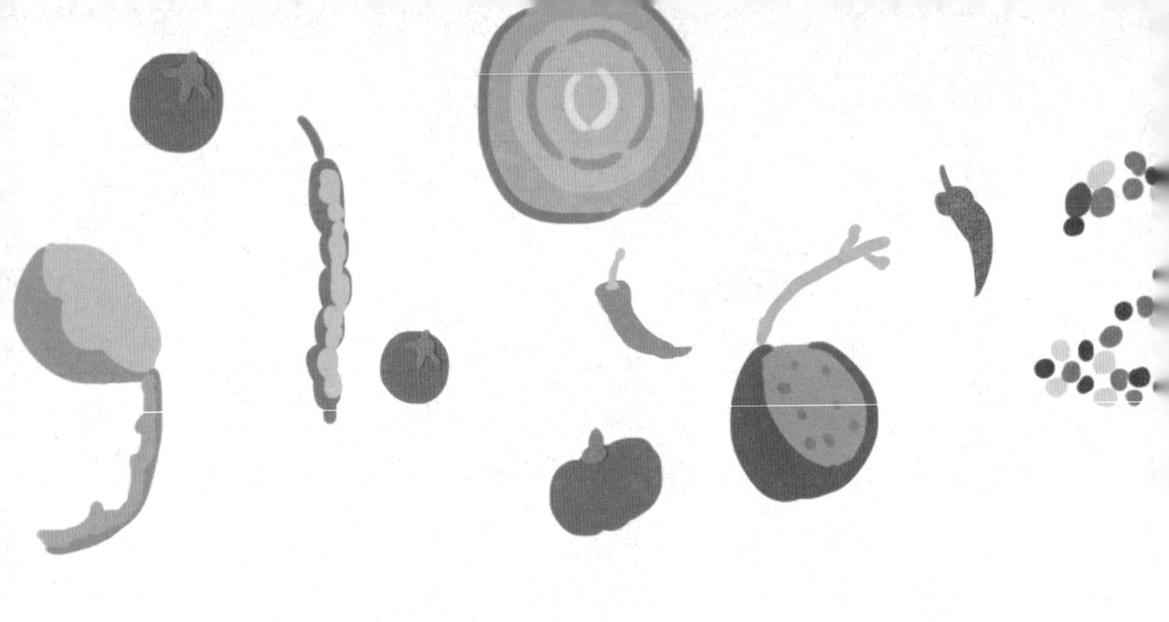

7月24日 星期二
难兄难弟比高高

今天，我们到高兴爷爷家避暑。午饭时间到了，我们都很饿，可是，我跟米粒都不忍心吃掉盘里的菜，因为它们太特别了。

第一道菜是“幼儿园的数学课”。0是洋葱圈，1是莴苣条，2是各种坚果，3是两片番茄，4是海带打个结，5是整根辣椒加奶酪条，6是土豆泥，7是弯腰的芹菜茎，8是黄瓜切片，9是洋葱圈加南瓜条。高兴建议这个数学课全用土豆来做，因为他超级爱吃土豆。

第二道菜是“飞屋环游记”。五颜六色的糖豆当气球，它们拽着一个饼干雕刻的小房子飞上天空。如果用棉花糖代替糖豆的话，质感更蓬松一些，不过颜色就没这么鲜艳啦！

第三道菜是“面向太阳”。黄小米拼成一只母鸡带着一只小鸡的形状，半个蛋黄就像太阳高悬。

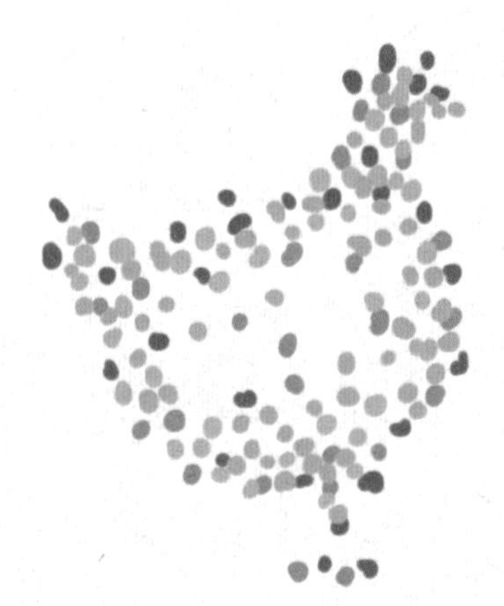

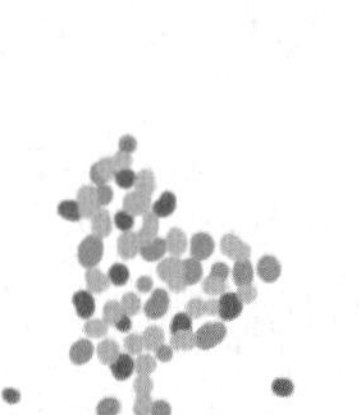

第四道菜是“拇指姑娘的梦”。半个核桃壳做小床，棉花糖做枕头，把胡萝卜雕成波浪长发，蘑菇做她的小脸和胳膊。

第五道菜是“难兄难弟比高高”。巧克力酱画出身高线，西葫芦三兄弟往前面一站。老大叼着一根雪茄，老二脑门上长着小肉瘤，那是一个草莓尖儿，老三咧开大嘴，露出相依为命的两颗牙。

高兴的筷子直奔拇指姑娘的枕头，米粒赶紧护住这盘菜，她提议我们只吃做这些菜剩下的边角料。可是，等我们到厨房一看，

米粒连边角料也舍不得吃了。因为高兴的奶奶把这些废料变成了一个调皮捣蛋的脸和一只睁开眼睛的兔子。

米粒看上的画儿，我怎么好意思吃掉呢！我们仨的肚子开始咕咕地聊起天来。高兴的奶奶笑了，她说如果我们吃掉那些菜，就可以进入下一个游戏——用捡来的破烂儿画画。

我跟米粒对视了一眼，神了！原来这位奶奶跟两个小屁孩儿有同样的爱好！

科学小贴士

做“幼儿园的数学”这道菜的时候，一定要充分发挥想象力哦，只要能够食用的材料，全都可以试一试。

8月2日 星期四
煤也有矛盾？

今天下午，我跟米粒、高兴到一个人工湖划船。排队买票的时候，我扫了两眼海报栏上的简介。哇哦，这湖竟然是一个采空的矿区改造的呢！也就是说，几年前，这儿还是一个黑黑的大煤矿，每天都有工人坐矿山索道车下井挖煤呢！

我突然想到，“科学小超人”的活动经费有着落了！所以，我果断地把划船任务交给他俩，自己睁开火眼金睛，使劲儿从波光粼粼的湖水里寻找钻石的身影。别以为我是痴心妄想哦！

我听爸爸说过，有的采煤机的齿轮和刀刃的尖端会镶嵌人造金刚石，它的外观、成分、结构，都跟天然形成的钻石几乎一模一样，也同样极其坚硬，用它挖煤，真是再合适不过了。

10 分钟过去了，我除了头晕，没有别的收获。米粒和高兴特许我躺下来陪他们聊天。我们越聊越远。米粒果然家学渊源，她说的都跟考古有关：“我们现在用的煤，一半以上都来自石炭纪，这比恐龙横行的时代还要早呢！”高兴也跟他爸一样，对那时候的沼泽动物更感兴趣，比如巨蜻蜓。

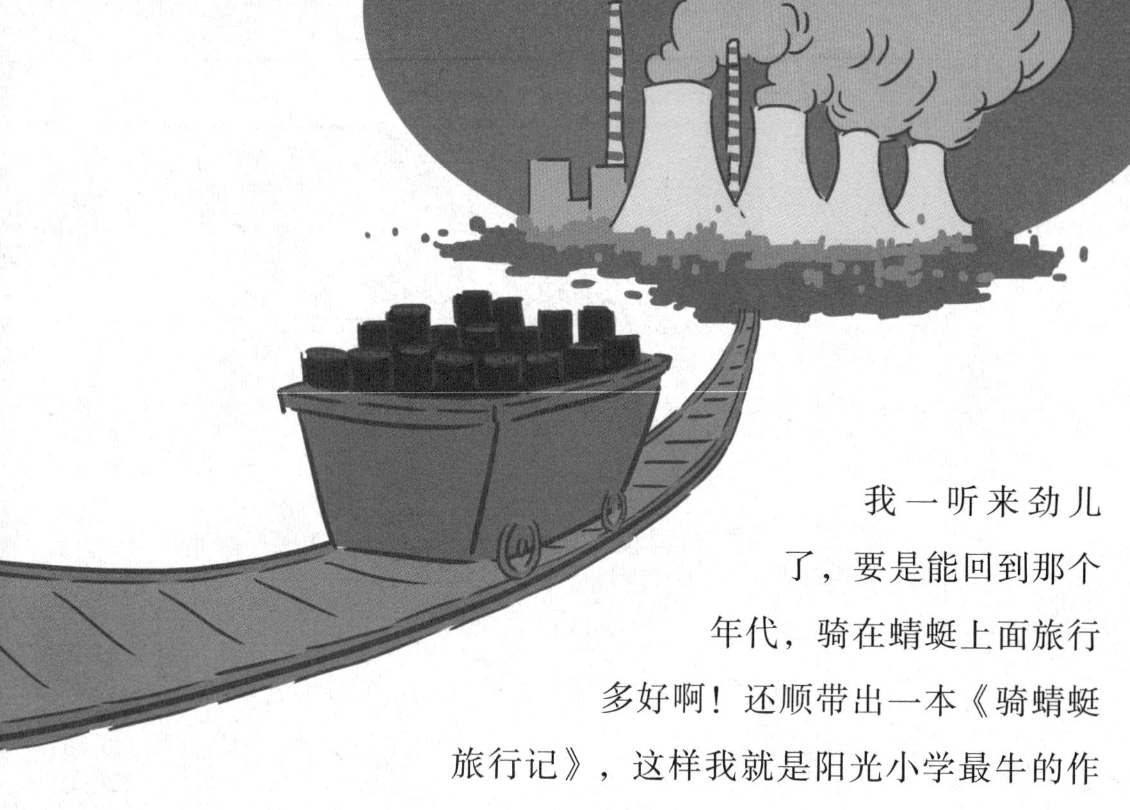

我一听来劲儿了，要是能回到那个年代，骑在蜻蜓上面旅行多好啊！还顺带出一本《骑蜻蜓旅行记》，这样我就是阳光小学最牛的作家啦！米粒显然不满意我俩胡乱打岔，她抛出了一个问题：“煤身上最矛盾的地方是什么？”

煤也有矛盾？真是奇怪的问题！我生怕高兴抢先了，赶紧说：“运煤火车把几百吨煤运到发电厂，可这只够发电厂用几天。”米粒两个食指交叉，意思是我答错了。高兴好得意哦，他慢条斯理地说：“那

肯定是煤花了几亿年才形成，人类却能在今后大约200年就把它消耗光喽！”米粒轻轻吹了一口气，表示这个立不住脚的答案被吹走了。

能有什么矛盾啊！胡诌的吧？

这种怀疑的表情最能刺激米粒了，嘿嘿，她果然不再卖关子：“煤虽然是发电站里最脏的燃料，可它其实很爱干净。不仅在粉碎前总要洗个澡，还能做成煤焦油肥皂，去洗干净别的东西。”

哇哦，真的很矛盾呢！

科学小贴士

全世界三分之一的电都是依靠煤，通过火力发电的方式制造出来的。不过，用现在的工艺，煤炭中蕴藏的能量只有不到一半能转化为电能，科学家和工程师们一直在努力研究新的技术，来提高煤炭发电的效率。

8月3日 星期五
浴室里的海马

早上，我正挤着牙膏呢，米粒就来了。她眯着眼睛东看西看，还像个小巫婆一样神神道道地说："童童，你的浴室里可能藏着一只海马的尸体！"

鉴于米粒同学的闲话麻袋里经常埋伏着知识的锋芒，一答不上来就容易被钉到无知的耻辱柱上，所

以，我暂时停下挤牙膏的“大业”，略微思考了一下，说：“喜马拉雅山那块地方20亿年前不也是大海吗？那么海马在我的浴缸里游泳有什么可奇怪的？”

“错！”

米粒真是一点儿不给我留面子啊！原来，她的意思是，我的塑料牙刷是用石油加工成的，而石油可能是两千万年前的海马尸体变成的。所以，我的浴室里可能藏着一只海马的尸体！

看来，我一直在用海马的尸体刷牙啊！真是太英勇了！

不行，我得让高兴知道，他有一个多么英勇的哥们儿。

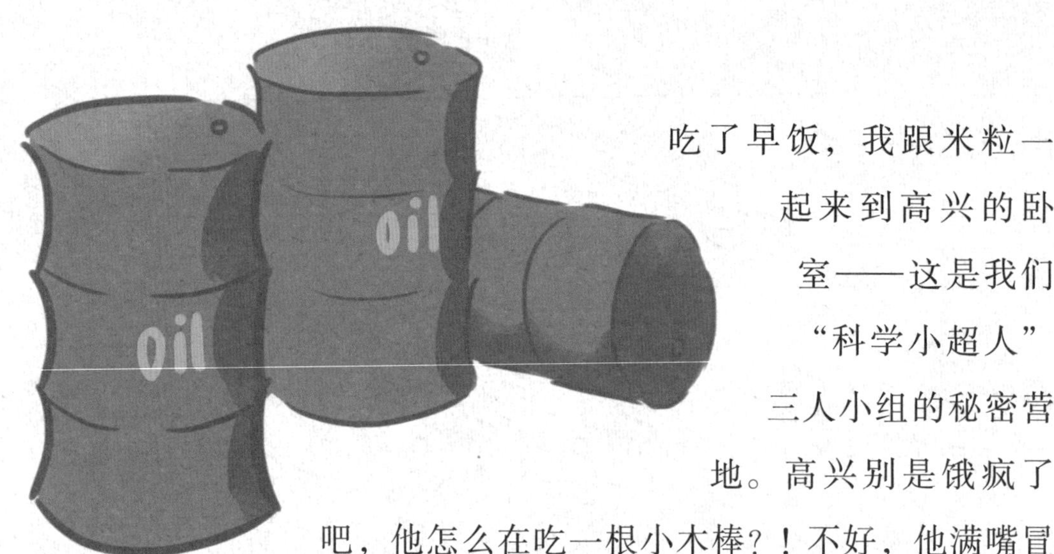

吃了早饭，我跟米粒一起来到高兴的卧室——这是我们“科学小超人”三人小组的秘密营地。高兴别是饿疯了吧，他怎么在吃一根小木棒？！不好，他满嘴冒起了白泡泡，这是中毒的迹象！我跟米粒正犹豫着由谁给高兴做人工呼吸，却看到高兴呵呵哈哈地笑翻了。

原来，高兴是在用一种特别的方式刷牙。这根小木棒来自非洲的“牙刷树”，是他爸爸去坦桑尼亚考察的时候带回来的，家里还有好多呢！

我试着嚼了嚼另一根小木棒，奇迹发生了：小木棒里面的纤维被口水一泡，竟然像鬃毛一样散开了。米粒也加入了刷第二遍牙的队伍。

空气里飘着很像薄荷味的清香。

接着，我跟米粒都成了“喷泉”，我们把口水喷得到处都是——这是一种向别人炫耀清新口气的过激方式。

要是每个人都用这种小木棒刷牙，能节约不少石油吧？这样的话，人类耗尽石油的期限会不会延迟到100年以后呢？可是，这得消耗多大一片“牙刷树”树林啊！

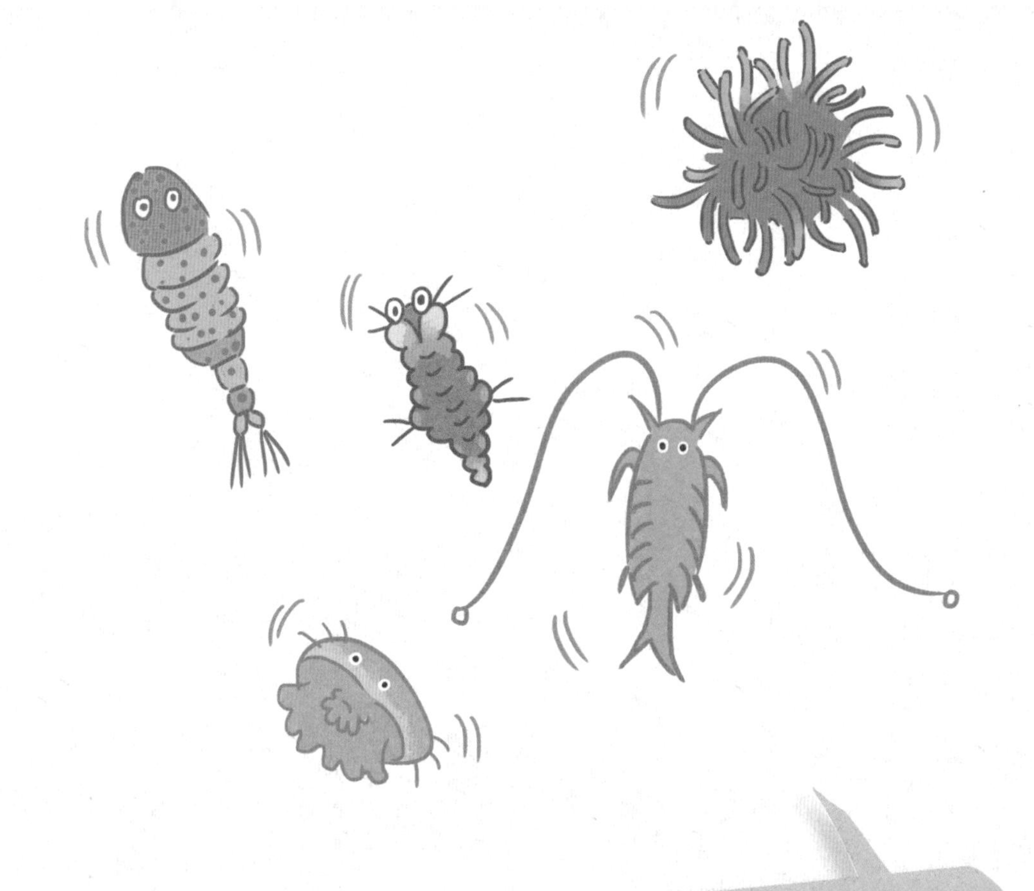

科学小贴士

像牙刷这样的塑料制品，绝大多数源于石油的炼制。

据说，石油是这样形成的：在远古海洋里，数不清的浮游生物汇成一锅“海鲜浓汤”，悠闲地游逛着。它们去世时躺在海床上，泥沙会自动掩盖它们的遗体。时光流逝，随着沉积层的挤压和加热，这些遗骸最终变成黏稠的液体——石油。它钻过微小的地层缝隙不断上浮，直到致密无孔的岩石层对它们说“不”。最后，地壳运动把它们挪到了现在的位置。

8月4日 星期六
到风场赛爸爸

难得大人们都有空，我、米粒和高兴三家一起来到风场。风场这名字是我们“科学小超人”小组起的，其实就是一块风很大的空地。今天的主题是：赛爸爸！道具是陆地帆板。

比赛规则很简单，只要爸爸们到达1000米外的终点就算胜利！先到的是冠军，最后到的也能算季军，所以说，这是一场很留面子的比赛。

这个游戏是海上冲浪的“旱化版”，尤其适合不会游泳又

想过冲浪瘾的人。爸爸们站在粉笔画的起跑线上，牢牢地把住帆杆。三角形的船帆鼓得满满的，船帆下的四轮小踏板都蠢蠢欲动了。爸爸们的背心在风中猎猎作响，颇有些将士出征的味道。

随着我们一声令下：“出发！”我很想说，爸爸们像离弦的箭一样冲了出去，只可惜，他们却歪歪扭扭地走着“之”字形。没办法，风向一直在变啊！爸爸们现在的头等大事就是“抢风行驶”。

谁最会借助风力，谁就是最后的冠军。

其实，正儿八经的风电场是利用风力涡轮机来发电的。这些高大的家伙有的像大风车，有的像超级搅蛋器，它们只要旋转起来，就能把风力变成电能。一想到煤会在大约 200 年后耗尽，我就对风能发电充满期待。让风来得更猛烈些吧！

不好！我爸爸撑不住了，突然加速的风力让他的“之”字形走得格外踉跄。我捂住自己的眼睛，不忍心看着爸爸的高大形象毁于一旦，却捂不住米粒和高兴比风还响的笑声。

回家后，我用爸爸的旧裤子做了一条风向袋，来纪念他生平第一次获得了季军。

我从膝盖的位置剪下半截裤腿，用裁纸刀在这半截裤腿开口较大的那头戳三个小眼儿。再找三根一样长的绳子，分别穿过三个小眼儿，用绳子的一头绕着小眼儿打结。绳子另一头，统统都系在一根长棍子上。

现在，只需要找一个风大的地方把裤腿风向袋竖起来就行了！

哇，风来了，裤腿鼓起来，告诉我风的方向。

科学小贴士

帆板运动起源于20世纪60年代的世界冲浪胜地夏威夷群岛。不管是海上冲浪还是陆地帆板，没有风都玩不起来哦！

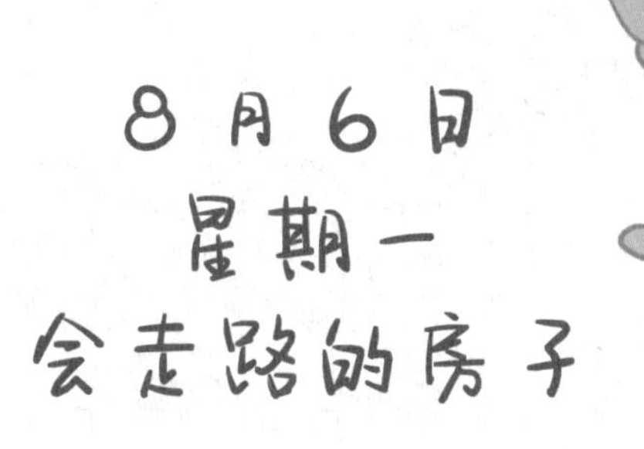

8月6日
星期一
会走路的房子

早上，我叫高兴来看前几天做的风向袋，正好碰到米粒到楼下扔垃圾。

“嘿！”米粒冲我的肚子打招呼。

“嘿！”米粒对着高兴的头发微笑。

这是当我们不存在的委婉方式吗？我跟高兴还是识趣的，正要走开，米粒拉住了我们：“我这是在向你们身体里的30万亿个微生物问好呢！”

啊？哈，原来，我们都是会走路的房子呀！

有一种体形娇小的螨虫把我们的睫毛当睡袋，它们白天在这儿吃饭、生崽，晚上才到脸上遛弯儿。我们的每一寸皮肤都是一个超级大牧场，散养着好几百万个细菌呢！它们吃掉我们的汗液，回赠我们独特的体味。

不仅仅是这样哦！米粒感叹说，整个地球也是一个会走路的房子，我们和各种各样的生物分享着这个巨大的房子。可是，连螨虫和细菌都能拥有属于自己的地盘，很多动物却没有这么幸运。为了收获更多的粮食，人类把很多草原和森林都开垦成农田，像黄羊和亚洲象这样的动物只好不停地搬家。高兴听了，立马表示要去学辟谷术，不吃饭的话，就应该不会挤占动物的生活空间了吧！

唉，高兴那个鲅鱇鱼一样的胃是不会答应的！所以我替高兴的胃劝他说，饭还是要吃的，保护动物们的领地还有其他方法。比如，想去茫茫大海观鲸观海豚，最好忍忍。因为鲸和海豚们为了躲避游船，很可能放弃捕食，让自己饿肚子，更别提那些不幸“撞船身亡”的啦！喜欢它们，默默地看纪录片就好。

米粒赞同我的想法，她说了一句很绕的话：“我们最大的自由，就是可以主动限制自己的自由。”

仔细想想，很有道理哦！

科学小贴士

为了让动物们不再提心吊胆地生活，我们应该更加细心一些。比如，到北美沙漠旅游的话，一定不要弄坏那些巨型仙人掌。有些啄木鸟会在上面凿洞做窝，一旦把这种巨型仙人掌弄坏了，要二百多年才能复原呢！

9月3日
星期一 开学的焦虑

开学第一天，拥挤的街道秒杀了我雀跃的心情。一路上车太多了，道路简直成了停车场，到处都是活跃的尾气小分子，感觉就像进了《西游记》里金角大王的山洞。

还好我家离学校很近，我可以尽情地向四轮小车炫耀我“11路公共汽车”的优势。不过，等到了学校，我习惯性地往报栏边上一站，一则新闻又把我的好心情扔进了马里亚纳海沟。

一个名叫麦克古尔的气候学家预言说，地球将在几年以后进入不可逆转的恶性循环中，包括战争、瘟疫、干旱、洪水、饥荒、飓风在内的各种灾祸将席卷地球，使人类遭遇“末日式劫难”。时间紧迫到我都不忍心伸出手指头来数了。

焦虑对我来说是一种比较陌生的情绪，排队报到的时候，我把它掰了一半给高兴：“你说，我们40岁的时候，地安门大街上能看到因纽特人不？白令海沿岸的陆地正在下沉，因纽特人要是没地儿去，会带着海豹住进我家吗？”高兴虽然也看了麦克古尔的预言，但他的表情很淡定：“因纽特人最有可能在俄罗斯的西伯利亚或者美国的阿拉斯加登陆，因为这两个地方离他们最近。至于他们会不会住到你家，那要看你以后住哪儿啦！”

一上午我俩就泡在这种神神道道加低气压的对话中。中午在食堂吃的开学第一顿午饭，高兴花生过敏，作为好兄弟，我当然要帮他解决这个问题喽。接下来，在满口酥脆的嚼花生运动中，我渐渐忘了那个可怕的预言。

科学小贴士

我们“科学小超人”约定，长大以后不买私家车。平时要是出个小远门，走路到不了的，我们就踩滑板或者骑自行车。更远的地方，我们坐公共汽车和地铁。要是连这也到不了，我们就拼车出行。再不行的话，呵呵，我们还是窝在家里侃大山吧！

9月23日
星期日
像海鸟那样流鼻涕

早上，我喝了妈妈用来漱口的盐水。这纯粹是意外，我没想到会用这种方式来体验大白鲨宝宝的生活。

米粒建议我大哭一场，因为眼泪是咸的，说不定可以排出多余的盐分。我只听说咸水鳄流泪有这效果，人流泪可以排毒，但是排盐真没听说过。

高兴教了我一个办法：不停地擤(xǐng)鼻涕。我问高兴："这个方法靠谱吗？"他却说："向海鸟学习！"因为海鸟可以靠流鼻涕把体内多余的盐分排出去。既然我没法儿自动流那么多鼻涕，就自己擤吧！

不过，根据我的估计，就算我把鼻子擤成两个山洞也当不了海鸟，人家眼窝里藏着"海水淡化器"呢！不过，要是能学它的长处，造出人类可用的海水淡化器，那我们就不用担心喝不上淡水了。

哈，下次到海边玩儿，我在嘴里含一块半渗透膜，不就可以像海鸟那样喝海水了吗？！米粒也许会说，这主意闻起来馊了。不过，她肯定会怂恿我尝那么一小口。

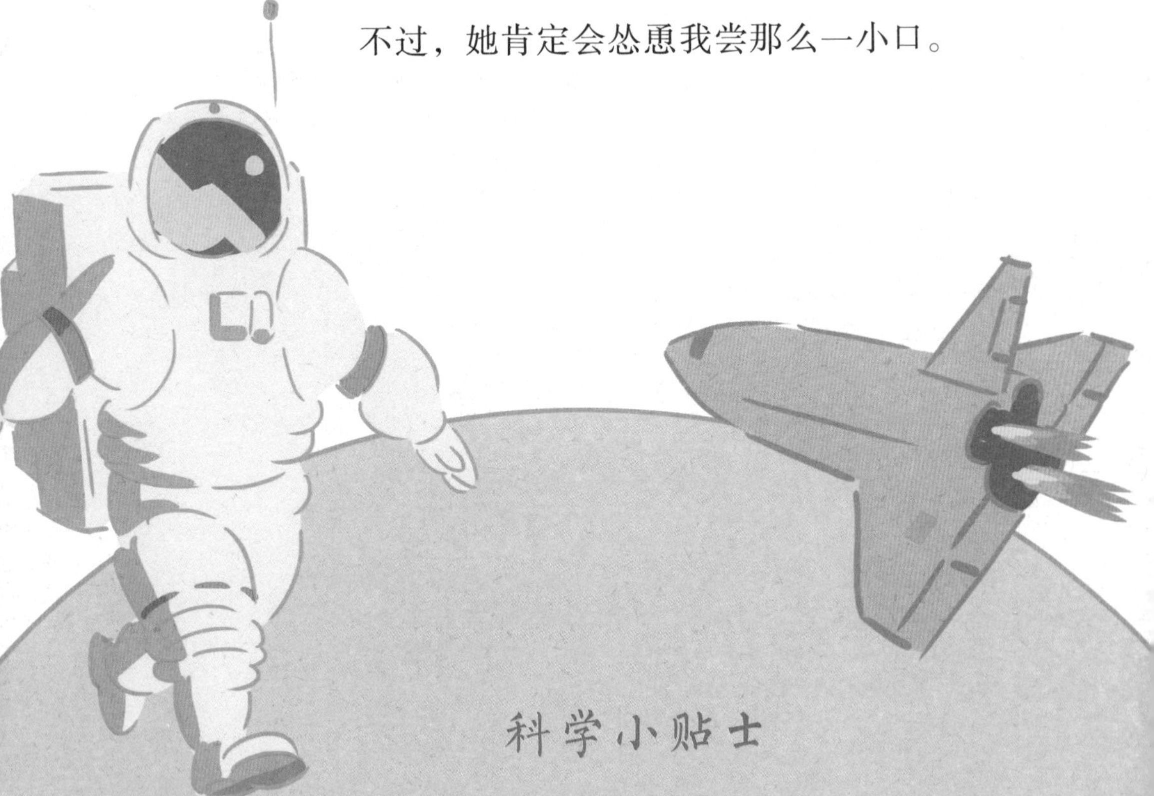

科学小贴士

有很多好玩儿的东西，都是我们向动物学习的结果。科学家向蝙蝠学习，制造了现代的雷达；向昆虫学习，诞生了太空机器人；向萤火虫学习，造出了人工冷光；向海鸟、海鱼学习，用半渗透膜来过滤掉海水中的盐分……

9月29日 星期六
送给鱼儿的豪宅

米粒的鱼缸太朴素了，我跟高兴想给里面的居民送一套豪宅——美丽的珊瑚。不过，米粒一点儿也不动心，小鱼儿们也不会答应的！

那些红绿灯小鱼不喜欢待在有珊瑚的地方，因为珊瑚会增加水的碱性。而且，当人们把珊瑚从珊瑚礁上敲下来的时候，原来住在这个小小世界里的海藻、海葵、虾和寄居蟹就没有家了，留在珊瑚礁上的“伤疤”，要十几年以后才能痊愈。米粒虽然很喜欢珊瑚，但是她宁愿穿上潜水服去看它们。

于是，我们“科学小超人”有了新的约定：永远不购买珊瑚和用它做成的纪念品。红绿灯小鱼想有一点儿隐私的话，怎么办呢？我想起爸爸拍的一组水下照片：一个废旧汽车在去掉污染物以后，被沉到海底变成小鱼的豪宅。哈哈，我们也可以找些东西，来完成这个奇妙的转身！

高兴想把他奶奶做的鲨鱼根雕拿来给小鱼做伴，米粒却更希望把它接在淋浴喷头上。小鱼会害怕一个木头鲨鱼吗？不过，要是它烂在鱼缸里，就够米粒收拾的了。当然，想想洗澡的时候有一头鲨鱼为你喷水，真是太酷啦！

我打算贡献一个有孔的陶瓷小箱子，这是“挑战50件物品”中舍不得丢掉的一个。小鱼们应该会喜欢翻箱倒柜的小游戏。米粒说要请她爸爸看看，如果不会改变水质的话，可以考虑。

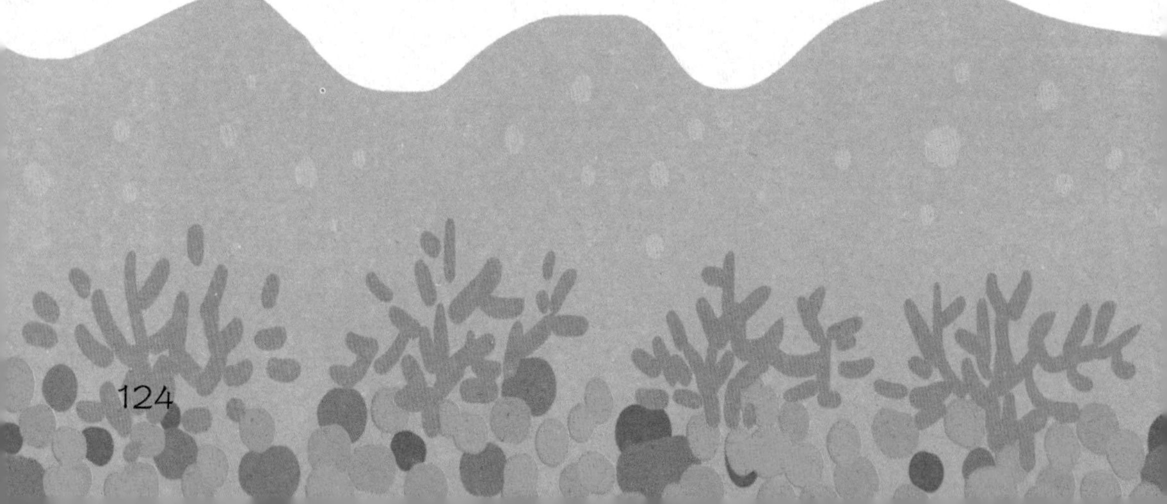

最保险的还是去河边捡些鹅卵石放进鱼缸里。虽然造型有点儿平淡无奇，但是有想象力的鱼儿可以拿它比赛打水漂，惊悚一点儿的剧情是把它当成旧石器时代的砧板。

科学小贴士

珊瑚礁是由珊瑚虫的骨骼形成的，所以它们怕酸。要是大海里的二氧化碳太多，它们就会溶解掉。让人难以相信的是，珊瑚还是环境调节大师。因为它里面含有一种叫二甲基硫的东西，这东西能溶在海水里，被风带到天上以后，它能把水蒸气团结起来变成云。

9月30日 星期日
寻找空的空间

家里的东西总是越来越多，难道它们会像草履虫那样分裂生殖？

其实，这都怪爸爸作弊！上回“挑战100件物品”的时候，爸爸把所有的摄影杂志算成一件物品。结果，家里的书柜快崩溃了，我很担心上面的书像山洪暴发一样挤满整个房间。

早上我看了看，书柜余下的寿命估计没有多久了。

米粒提议，要是她认养的犀牛宝宝愿意出马，就用犀牛角刨个坑，给书柜来一个体面的葬礼。连葬礼的名字她都想好了，就叫“葬书柜的犀牛”。

我仔细一想，不对呀，这显然是喧宾夺主，书柜才是葬礼的主角。而且，犀牛宝宝可能更喜欢消灭青草，就像它在老家约翰内斯堡那样。

不如，把我认养的鲨鱼宝宝请来，用它的大嘴把这些书搬到别的地方。不过，它连汽车牌照都吃，很可能把爸爸的书都吞掉。嘻嘻，我可一点儿也不介意！

高兴舍不得叫他认养的小母鸡来当搬运工，他倒是不介意让小母鸡的兄弟来替工。可米粒说，古代的中国人把公鸡誉为“五德之禽”，怎么能劳驾它做这种粗活呢！

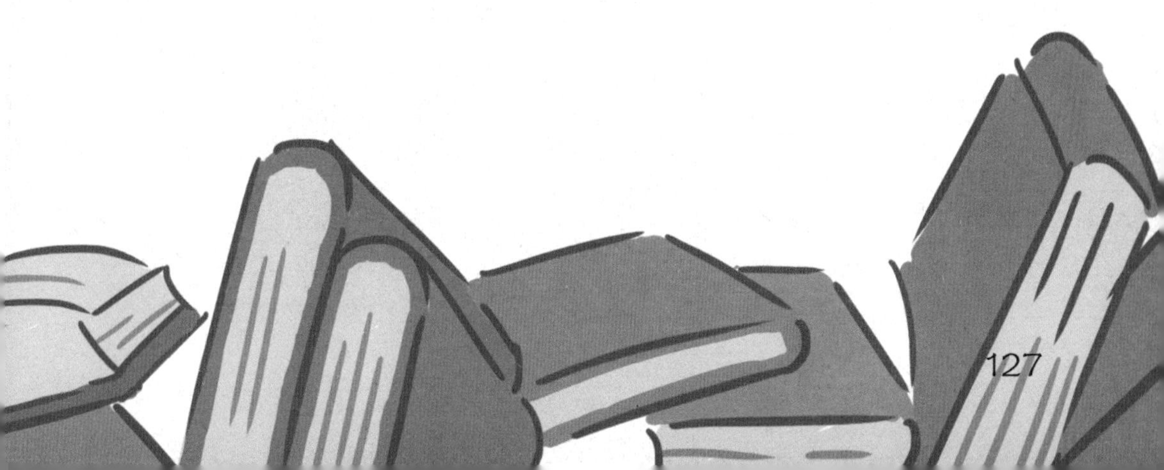

唉！我只好开始为书柜的悼文打腹稿了。可是，我从来没写过悼文呢！

感谢米粒！在这位收纳达人的带领下，我们终于找到了6个空的空间：

鞋柜。8双鞋住着3层“小楼”，太奢侈了！于是，所有的鞋都被米粒塞到最下面的抽屉，上面两层放书。等这些鞋穿坏了，我就推荐妈妈买百变鞋——它表面上是帆布鞋，拉开鞋底接缝处的环绕拉链，再把鞋面揭掉，就变成了凉鞋。

相框背后。这个地方好隐蔽，怪不得我以前没有发现。

马桶水箱盖上。哈哈，这可是藏书最多的马桶水箱盖了，比图书馆的还多！

晾衣杆。我决定少洗或者不洗衣服，把晾衣杆腾出来挂书。这样还能省下好多洗衣服的水。

所有闲置衣服裤子的兜儿。耶！口袋大小的书全都住进了新家。

门口。可有可无的书在这儿等待它们的伯乐，我尽量在每一页都写上：“快带我们回家吧！”

啊！书柜终于得救了。我很得意整个过程的“环保无排放”。接下来，我一直在等爸爸妈妈的表扬。由于时间太长，我不得不提醒爸爸：“听说睡前看点儿书对睡眠有帮助。”没想到，1分钟后，我却听到了一声惊雷：“童晓童，我的书呢？！”

科学小贴士

世界上最小的书叫《萝卜城的小特德》，只有0.07毫米宽，0.1毫米长，是用最小直径只有7纳米的镓离子束在硅片上“刻”出来的。要是书都这么小，我家藏书万卷绝对不成问题！

科学日记的写法

不瞒你说，写了这么多日记，我通过总结，已经深刻认识到科学日记与普通日记的不同啦！

普通日记主要就是要把当天事件的主人公、时间、地点都写清楚，还要把主要事件的起因、经过、结果交代明白。注意不能写成“8点我做了什么，然后又做了什么，接下来又怎么样”，这样就变成了“日记杀手”——流水账了。

写日记呢，还要注意加入自己的思考和情感，否则讲出来的事情就像发生在石头人身上，干巴巴的，一点儿都没意思。你知道的，我们小朋友总是有很多被大人称作奇思妙想的东西，如果不记录下来，就太可惜了。

啊，对了！还有一点是写日记一定要勤奋。我们身边每天发生那么多有意思的事情，也会遇到许多奇特有趣的人，这都需要及时记录下来。因为发生在我们身边的事情太多了，如果不及时记录，时间一长就会忘记。要知道，很多大文豪，都是通过记日记积累素材、锻炼文笔的呢！咱们的作文也可以

通过记日记来提高。

接下来我要说说科学日记的写法。科学日记也是日记的一种，所以在基本要求方面是和普通日记一致的，不过多了“科学”二字，却又有许多需要注意的地方。普通日记中，我们可以单纯记述一个现象，那么科学日记就要求我们解释这种现象，并且尽量在此基础上做到举一反三，集思广益，用我们的智慧做引导，亲自动手去实践。因为实践才是检验真理的唯一标准嘛！讲解一个现象的科学原理是一个很复杂的过程，如果只是将书本上的解释抄在日记本上，很多对于我们来说依然是一头雾水。所以不懂的知识要向大人们请教，直到真的明白了，再用自己的话记到日记里，这样的科学日记才是有意义的！

记日记需要勤奋，记科学日记还需要有探索精神。日常生活中的点滴都蕴含着科学原理，多问几个为什么，你会发现许多想象不到的有趣知识。树上的果子掉下来砸到牛顿，牛顿问出为什么果子是向下落到地上，而不是飞上天。如果是你，会不会欢天喜地抱着果子洗洗吃掉了呢？

图书在版编目（CIP）数据

环保魔术师 / 肖叶，吴丽娜著；杜煜绘. -- 北京 :天天出版社，2022.10
（孩子超喜爱的科学日记）
ISBN 978-7-5016-1907-8

Ⅰ. ①环… Ⅱ. ①肖… ②吴… ③杜… Ⅲ. ①环境保护—少儿读物 Ⅳ. ①X-49

中国版本图书馆CIP数据核字(2022)第158321号

责任编辑：王晓锐　　**美术编辑**：曲　蒙
责任印制：康远超　张　璞

出版发行：天天出版社有限责任公司
地址：北京市东城区东中街 42 号　　**邮编**：100027
市场部：010-64169902　　**传真**：010-64169902
网址：http://www.tiantianpublishing.com
邮箱：tiantiancbs@163.com

印刷：北京利丰雅高长城印刷有限公司　**经销**：全国新华书店等
开本：710 × 1000　1/16　　**印张**：8.25
版次：2022 年 10 月北京第 1 版　**印次**：2022 年 10 月第 1 次印刷
字数：78 千字　　**印数**：1-5000 册

书号：978-7-5016-1907-8　　**定价**：30.00 元

版权所有 · 侵权必究
如有印装质量问题，请与本社市场部联系调换。